选粉机的使用与
粉磨节能降耗

张长森　戴汝悦　吕海峰　编著

中国建材工业出版社

图书在版编目（CIP）数据

选粉机的使用与粉磨节能降耗/张长森，戴汝悦，吕海峰编著 . -- 北京：中国建材工业出版社，2017.12
ISBN 978-7-5160-1350-2

Ⅰ.①选… Ⅱ.①张… ②戴… ③吕… Ⅲ.①水泥—磨粉—化工设备—节能—研究 Ⅳ.①TQ172.6

中国版本图书馆 CIP 数据核字（2016）第 063215 号

选粉机的使用与粉磨节能降耗

张长森 戴汝悦 吕海峰 编著

出版发行：中国建材工业出版社

地 址：北京市海淀区三里河路 1 号

邮 编：100044

经 销：全国各地新华书店

印 刷：北京鑫正大印刷有限公司

开 本：787mm×1092mm 1/16

印 张：8.25

字 数：200 千字

版 次：2017 年 12 月第 1 版

印 次：2017 年 12 月第 1 次

定 价：**49.80 元**

本社网址：www.jccbs.com 微信公众号：zgjcgycbs

本书如出现印装质量问题，由我社市场营销部负责调换。联系电话：(010) 88386906

前　言

　　球磨机对物料的粉碎主要是依靠研磨体对物料的冲击研磨作用来实现的，其冲击及研磨作用是通过研磨体的表面传递给与之相接触的物料，属于单颗粒粉碎。由于单颗粒粉碎的偶然性，造成大量的能量消耗在研磨体之间及研磨体与磨机衬板之间的碰撞与磨损上，大部分能量消耗对物料的粉磨来说毫无用处，粉磨效率很低。据 Anselm 的粉碎功能理论测定：轴承、齿轮等纯机械损失占 12.3%，随产品散热占 47.6%，从磨机筒体散发的辐射热占 6.4%，空气带走热量 31.4%，用于粉碎物料的理论能量消耗仅占很小的一部分，为 2%～3%。因此，在全球性能源短缺的今天，如何提高球磨机粉磨效率成为当今研究的重要课题。

　　目前，提高球磨机的粉磨效率主要措施有：一是减小入磨物料粒度，在磨外增加预破碎装置，使物料的破碎过程在球磨机外完成，让球磨机充分施展以研磨为主的细磨作用；二是改变内部装置，采用节能衬板、筛分隔仓板等措施；三是改变粉磨系统工艺，将原来的开路粉磨系统改为闭路粉磨系统，与之相应的，选粉机也因粉磨技术发展的需要，为提高选粉效率，降低系统能耗，由传统的第一代离心式选粉机，第二代旋风式选粉机发展到第三代高效选粉机。

　　开路粉磨系统具有流程简单、设备少、投资省、操作方便等特点。但由于出磨物料必须全部达到成品细度，因此，当细度要求较高时，已被磨细达到产品要求的部分物料不能及时从磨机中卸出，出现过粉磨现象，导致粉磨系统的粉磨效率降低、能耗增加。闭路粉磨系统由于配合了选粉机，能将粉磨后的合格物料及时分离出来，从而可有效地减少过粉磨现象，提高系统的粉磨效率及产量，降低能耗；并可通过调节选粉设备的操作参数灵活控制产品细度，以满足生产要求。缺点是系统流程较为复杂，投资较大。水泥粉磨是采用开路粉磨系统，还是采用闭路粉磨系统，主要取决于对产品细度的要求，有资料表明，当粉磨系统的产品比表面积低于 310m²/kg 时，两种粉磨系统的产品单位电耗相当；但当细度要求较高时，开路系统的单位电耗明显高于闭路系统。作为闭路粉磨系统的一个重要配套设备——选粉机，虽然本身并无粉碎物料的作用，但其性能好坏直接影响到系统的运行状态，即影响到系统的粉磨效率、产量及能耗。

　　随着人们对水泥颗粒与水泥性能关系研究的深入，对产品细度的要求有所提高；当初，作为水泥质量主要指标之一的水泥细度是用筛余控制的，用筛余控制只能反映成品中粗颗粒的多少，不能反映全部颗粒的粗细情况；后来发展到比表面积控制，水泥越细，比表面积越大。现在发现，即使是比表面积相同的水泥产品，因采用的粉磨流程、选粉方式不同，其强度也有差别，闭路粉磨或配高效选粉机粉磨生产的产品与开路粉磨生产的产品相比，同样的比表面积，其强度高；强度相同，则比表面积可以低一些，其原因在于颗粒级配的不同。

　　研究表明，水泥颗粒组成中不同粗细的颗粒对水泥水化性能的作用是不同的。大于 $60\mu m$ 颗粒对水泥强度作用甚微，只起填料作用；小于 $3\mu m$ 的颗粒水化过程在硬化初期就已完成，只对水泥早期强度有利；$3\sim30\mu m$ 是水泥的主要活性部分、承担强度增长的主要途径。由此可见，水泥质量与水泥成品中 $3\sim30\mu m$ 颗粒的含量有很大关系。而在水泥粉磨作业中，要得到某一粒径范围含量较高，分布相对较窄的水泥产品，只有通过选粉机来调节、控制，否则难以实现。闭路系统更易于控制产品细度，改变产品品种，对市场的适应性更强，因此，闭路系统得到了广泛的应用。

　　本书由盐城工学院张长森教授负责内容组织和统稿，徐州亚星机械科技有限公司戴汝悦工程师参加了第5章和第6章的部分编写工作，江苏吉能达环境能源科技有限公司吕海峰高级工程师参加了第3章和第6章的部分编写工作。

　　本书参考了大量的资料文献，引用了他人公开发表或没公开发表的部分数据成果或重要理论成果，在此向这些文献的作者们表示衷心感谢。

　　很想把选粉机相关的各种技术和产品详细地介绍给读者，但限于篇幅，还有一些技术及产品未能述及，同时也限于作者的水平和经验，可能取舍不尽合理，叙述中可能有错误和疏漏，敬请读者批评指正。

编者

2017 年 12 月

目　　录

第1章 基本概念与基础知识

1.1 何为颗粒、粉体

颗粒是具有一定尺寸和几何形状的粒状物，颗粒的大小是粉体诸物性中最重要的特性值。

粉体是同种或多种物质颗粒的集合体，颗粒是组成粉体的基本单元。

颗粒大小通常用"粒径"和"粒度"来表示，"粒径"是指颗粒的尺寸，"粒度"通常指颗粒大小、粗细的程度。"粒径"具有长度的量纲，而"粒度"则是用长度量纲以外的单位，如泰勒制标准筛的"目"等。习惯上表示颗粒大小时常用"粒径"，而表示颗粒大小的分布时常用"粒度"。

对于规则形状的颗粒，比如球体颗粒和立方体颗粒，其粒径分别用直径和边长表示，而对于形状不规则的颗粒，其粒径可由等效粒径来表示，等效粒径是指当一个不规则形状颗粒的某一物理特性与同质的球形颗粒相同或相近时，就用该球形颗粒的直径来代表这个不规则形状颗粒的直径。如颗粒沉降直径等。

1.2 粒度分布

粒度分布是指粉体中不同粒径区间颗粒的含量。有频率分布和累积分布两种表示方法。在粉体样品中，某一粒径（d_p）或某一粒径范围内（Δd_p）的颗粒在样品中出现的个数分数或质量分数（%），即为频率，用 $f(d_p)$ 或 $f(\Delta d_p)$ 表示。若 d_p 或 Δd_p 相对应的颗粒个数为 n_p，样品中的颗粒总数为 N，则有：

$$f(d_p) = \frac{n_p}{N} \times 100\% \tag{1-1}$$

或
$$f(\Delta d_p) = \frac{n_p}{N} \times 100\% \tag{1-2}$$

这种频率与粒径变化的关系，称为频率分布。也就是说频率分布是表示某一粒径或某一粒径范围内的颗粒在全部颗粒中所占的比例。

累积分布表示大于（或小于）某一粒径的颗粒在全部颗粒中所占的比例。按累积方式的不同，累积分布又可分为两种，一种是按粒径从小到大进行累积，称为筛下累积（用"－"号表示）；另一种是按粒径从大到小进行累积，称为筛上累积（用"＋"号表示），前者所得到的累积分布表示小于某一粒径的颗粒数（或颗粒质量）的百分数，而后者则表示大于某一粒径的颗粒数（或颗粒质量）的百分数。筛下累积分布常用 $U(d_p)$ 表示；筛上累积分布（累计筛余）常用 $R(d_p)$ 表示。可以得出，对于任一粒径 d_p 有：

$$U(d_{\mathrm{p}})+R(d_{\mathrm{p}})=100\% \tag{1-3}$$

1.3　水泥适宜的颗粒大小及粒度分布

　　国内外长期试验研究证明，水泥颗粒级配对水泥性能有很大影响，目前比较公认的水泥最佳颗粒级配为：3～32μm 的颗粒对强度增长起主要作用，其间粒度分布是连续的，总量不低于 65%；16～24μm 的颗粒对水泥性能尤为重要，含量越多越好；小于 3μm 的细颗粒，易结团，不宜超过 10%；大于 60μm 的颗粒活性很小，最好没有。

　　按此要求，将水泥最佳颗粒级配绘制成颗粒分布图（图 1-1），可见水泥颗粒分布图通常都为"凸形"曲线，类似于高斯概率曲线。

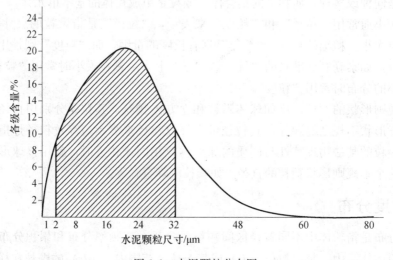

图 1-1　水泥颗粒分布图

1.4　颗粒大小影响水泥性能的原因

　　水泥颗粒级配对水泥性能产生的各种影响，主要是因为不同大小颗粒的水化速度不同。我国学者施娟英的测定结果为：

　　0～10μm 颗粒，一天水化达 75%，28d 接近完全水化；

　　10～30μm 颗粒，7d 水化接近一半；

　　30～60μm 颗粒，28d 水化接近一半；

　　>60μm 颗粒，3 个月后水化还不到一半。

　　意大利学者 Menic 认为，粒径 1μm 以内的小颗粒，在加水拌合中很快就水化了，对水泥混凝土强度作用很小，反而造成混凝土较大收缩。一个 20μm 颗粒硬化一个月只水化了 54%，水化进入深度才 5.48μm，剩留的熟料核只能起骨架作用，潜在活性没有发挥。

1.5　水泥颗粒分布符合什么函数

　　水泥产品的粒度组成符合 Rosin-Rammler-Bennet 分布方程（简称 RRB 方程），见式（1-4）。

$$R(d_p) = 100\exp\left[-\left(\frac{d_p}{d_e}\right)^n\right] \tag{1-4}$$

式中　$R(d_p)$——粉体中某一粒径 d_p 的累积筛余，%；

　　　　n——均匀性系数，表示该粉体粒度分布范围的宽窄程度，n 值越小，粒度分布范围越宽；反之亦然；

　　　　d_e——特征粒径，μm。

当 $n=1$，$d_p = d_e$ 时，则

$$R(d_p) = 100e^{-1} = 100/2.718 = 36.8\% \tag{1-5}$$

即：d_e 为 $R(d_p) = 36.8\%$ 时的粒径。

将式（1-4）的倒数取二次对数，可得

$$\lg\left[\lg\left(\frac{100}{R(d_p)}\right)\right] = n\lg\left(\frac{d_p}{d_e}\right) + \lg\lg e = n\lg d_p + C \tag{1-6}$$

式中，$C = \lg\lg e - n\lg d_e$。在 $\lg d_p$ 与 $\lg\{\lg[100/R(d_p)]\}$ 坐标系中，式（1-6）呈线性关系。根据测试数据，分别以 $\lg d_p$ 和 $\lg\{\lg[100/R(d_p)]\}$ 作为横、纵坐标作图可得一直线，该直线的斜率即为 n 值。由 $R(d_p) = 36.8\%$ 可求得 d_e，将这一直线平移过 P 极，可在图上查出 n 的值。这种图称为 Rosin-Rammler-Bennet 图（简称 RRB 图），如图 1-2 所示。

由式（1-4）可知，任一粒径 d_p 的筛余量（%）与特征粒径和均匀性系数 n 有关。特征粒径是一个固定筛余为 36.8% 时的粒径，特征粒径愈小，水泥愈细。n 值是"凸形"曲线直线化后的斜率，n 值愈大，颗粒分布愈窄；n 值愈小，颗粒分布愈宽。采用激光颗粒分析仪可以直接得出水泥颗粒分布状况和分布曲线图，还可以给出 d_e、n、体积比面积等众多参数。

1.6　水泥颗粒分布对水泥标准稠度用水量的影响

在一般情况下，标准稠度用水量随比表面积的增大、特征粒径的减小和均匀性系数的提高而增大，另外它也受材料早期活性和外加剂的影响。就普通波特兰水泥而言，用水量随 $4\sim32\mu m$ 颗粒含量的增多而增大，随 $32\sim60\mu m$ 颗粒含量的增多而减少。n 值与 $4\sim32\mu m$ 颗粒含量有较好的对应关系。

1.7　水泥颗粒分布对水泥抗压强度等性能的影响

水泥抗压强度与水泥比表面积值、特征粒径（d_e）和 n 也有一定对应关系。比表面积值与特征粒径（d_e）的影响相同，一般随着比表面积值和特征粒径的提高，在其他条件相同的情况下水泥各龄期抗压强度都增大，随着 n 值的提高，强度增进率跟着提高。

中国建筑材料科学研究院研究了大掺量混合材料水泥，得出水泥颗粒分布与其性能的关系如下：

（1）水泥的比表面积（S）与 $<3\mu m$ 颗粒含量（W_3）存在着密切的线性关系。

$$S = 24 \times W_3 + 83 \tag{1-7}$$

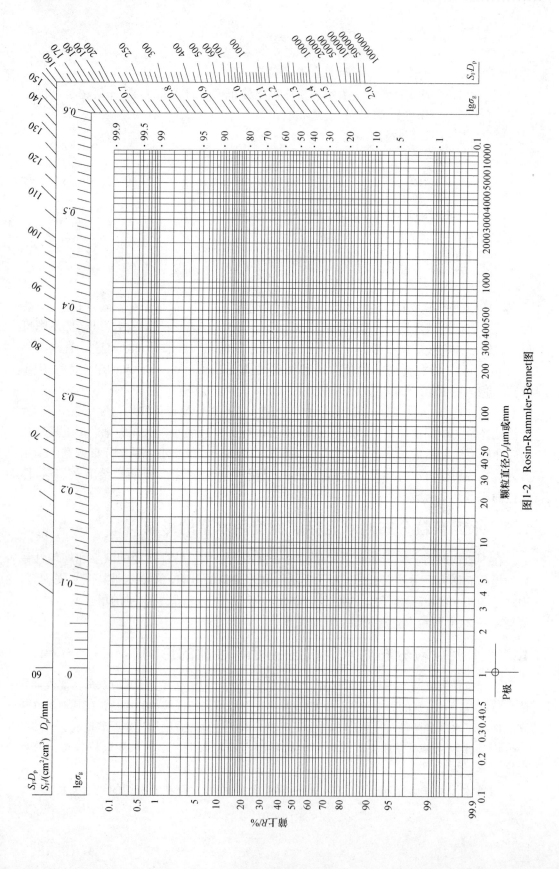

图1-2　Rosin-Rammler-Bennet图

（2）水泥颗粒分布与水泥 28d 抗压强度（R_{28}）的关系：

$$R_{28} = A \times W_3 + B \times W_{16} + C \times W_{32} + D \times W_{>32} \tag{1-8}$$

式中　　A、B、C、D——经验系数；

W_3、W_{16}、W_{32}、$W_{>32}$——分别为水泥中 $<3\mu m$、$<16\mu m$、$<32\mu m$ 和 $>32\mu m$ 颗粒的含量，％。

（3）水泥中 $8\mu m$ 颗粒含量（W_8）与水泥 3d 抗压强度（R_3）的关系：

$$R_3 = 0.79 W_8 + 1.6 \tag{1-9}$$

（4）水泥中 $8\mu m$ 颗粒含量（W_8）与水泥 3d 水化热（H_3）的关系：

$$H_3 = 2.5 W_8 + 166 \tag{1-10}$$

（5）水泥中 $32\mu m$ 颗粒含量（W_{32}）与水泥泌水率（M）的关系：

$$M = 41.2 - 0.43 W_{32} \tag{1-11}$$

表 1-1 为泥颗粒分布与水泥混凝土性能、粉磨工艺的大致关系。

表 1-1　水泥颗粒分布与水泥混凝土性能、粉磨工艺的大致关系

粒径	参考指标	水泥性能			粉磨工艺	混凝土性能
		比表面积	需水量	强度		
$<3\mu m$（熟料）	$<15\%$	正常	正常	正常	正常	正常
	增加	增加	增大	早强	过粉磨现象	施工性变差
$<3\mu m$（矿渣）	适当	正常	正常	强度高	分别粉磨	混凝土性能优
$3\sim32\mu m$	$>65\%$	正常	正常	强度高	研磨能力好	混凝土性能优
$32\sim64\mu m$	增加	变小	正常	强度低	研磨能力差	正常
$>64\mu m$	增加	变小	易泌水	强度低	粉磨能力差	混凝土保水性差
连续分布	一个凸形	正常	正常	正常	正常	正常
	两个凸形	—	—	—	研磨能力差	—
	一个口形	—	—	—	粉磨能力差	—

1.8　水泥颗粒分布范围对水泥性能的影响

颗粒分布宽（n 值小）时，水泥分布的曲线更接近最佳堆积密度理想筛析曲线。

在比表面积相同的情况下，宽颗粒分布的水泥早期水化速度稍快一些，窄颗粒分布的水泥后期水化速度快些，28d 龄期的水化程度也稍高一些。

颗粒分布及 n 值对水泥标准试体强度影响较大，n 值越高强度越高，但与混凝土的相关性不好，n 值高时混凝土强度提高很小，或没有提高甚至下降，尤其是高水灰比（如 0.60）混凝土更是如此。

窄颗粒分布的水泥要用细粉填充料来调整堆积密度，以保证混凝土的密实性。然而填充料的加入是有限的，不论是惰性的还是活性的都会降低强度。有人还对如粉煤灰的掺量提出限定，认为不能低于15％，否则也有害处，填充料过多又会造成混凝土中的细粉含量超量，使干缩加大。

在水泥生产的质量控制中完全可以通过水泥细度控制预测水泥和混凝土的主要性能，如标准稠度用水量、混凝土抗压强度和劈裂抗拉强度。RRB函数对水泥颗粒分布特征是适用的，主要的控制参数有比表面积值、特征粒径 d_e 和均匀性系数 n 值。

1.9　水泥颗粒形状对水泥性能的影响

水泥颗粒形状与粉磨工艺有关，水泥颗粒形状对水泥性能有较大影响，水泥颗粒越接近球形，水泥的性能越好。日本北村昌彦等试验研究表明，将水泥颗粒的圆形度由0.67提高到0.85时，水泥砂浆28d抗压强度可提高20％～30％，配制混凝土的水灰比可降低6％～8％，达到相同坍落时的单位体积用水量可减少14％～30％，减水剂掺量可减少1/3，水泥早期水化热可降低25％。

我国黄有丰等人研究结果见表1-2。

表1-2　水泥颗粒形状对水泥性能的影响

类别	比表面积/（m²/kg）	圆度系数	标准稠度/％	3d抗压强度/MPa	28d抗压强度/MPa
S	325	0.47	30.4	35.3	49.8
P	328	0.73	27.3	32.1	66.4

水泥颗粒形状通常用形状系数（圆度系数）表示，它是颗粒投影面积与其外接圆面积之比，正圆形颗粒圆形度等于1，其他形状都小于1。一般可用式（1-12）计算。

$$形状系数 \ \psi = \frac{颗粒投影面积}{颗粒投影面外接圆面积} \tag{1-12}$$

中国建筑材料科学研究院研究球磨机水泥和辊压机水泥在不同粒径区的颗粒形状系数分布表明，两种水泥颗粒形状上的差异主要在粗粉部分，如＞63μm的粗粉中，辊压机水泥不含形状系数为0.8～1.0的规整颗粒，球磨机水泥形状系数为0.8～1.0的规整颗粒约占50％。但＜10μm细粉部分两种水泥就没有多大差别了，这也说明若将水泥充分磨细，则不同工艺和设备制出的水泥在颗粒形状上不会有太大的差别。

1.10　为什么水泥颗粒越接近球形水泥标准稠度需水量越小

一是对单个颗粒而言，越接近于球形，表面积越小，则包裹颗粒表面的水量相对减少；二是颗粒越接近于球形颗粒表面趋于光滑，颗粒与颗粒相对滑动间的摩擦阻力减小；三是颗粒在水中旋转需水面越小，在水灰比相同的情况下，可以获得较高的流动度。因此，水泥标准稠度需水量减小。

另外，改善水泥颗粒形貌，使颗粒表面趋于光滑，不仅减少了需水量，更重要的是胶砂和易性大大改善，且在相同工作条件下，可以获得更高的强度，在一定程度上有减水的效果，在改善流动性、提高其强度等方面起着积极作用。

1.11　为什么水泥颗粒接近球形水泥强度有所提高

水泥颗粒接近球形水泥强度有所提高，这主要是由于颗粒形貌接近球形后，水泥标准稠度需水量减少。在相同流动度的情况下用水量减少，形貌改善后，颗粒表面相对光滑、棱角少，颗粒与颗粒间以及颗粒与骨料颗粒间相对摩擦阻力小，便于颗粒的相对滑动，细小的水泥颗粒易于填充颗粒间的缝隙，使整体水泥胶砂更加密实。因此，改善水泥颗粒形貌，有利于改善水泥石的堆积结构，即减少了硬化水泥石中有害及多害大孔，无害细孔数量增多，中位孔径和总孔隙率降低，提高了水泥的强度，同时也有利于水泥的抗渗性、耐久性等性能。

1.12　为什么水泥颗粒接近球形水泥凝结时间延长

在石膏掺量相同、比表面积及颗粒级配相近的情况下，颗粒形貌改善后的水泥，无论是初凝还是终凝都比改善前凝结时间有所延长。这可能是由于颗粒形貌改善后，颗粒表面棱角少、较圆滑、颗粒间搭接绞合以及摩擦阻力相对减弱，生成为水泥产物相互间搭接绞合及黏附力受到了影响。如果颗粒形貌改善后水泥样品的密实度变大幅度较大，则凝结时间受到的影响相对较小。

1.13　提高颗粒圆形系数的主要技术途径

水泥颗粒形貌趋于圆形化，可以大大提高水泥物理性能。在各种块状物料粉碎过程中，都是当物料受到的外力大于内力时被粉碎，物料粉碎受到的外力方式一般有：挤压、劈碎、冲击、研磨等，这些外力作用到物料上主要表现为正应力和剪切应力两种应力。在粉磨工艺中，以正应力（挤压、冲击）作用为主粉碎物料的，颗粒圆形系数低，如辊压机粉碎或球磨机一仓冲击破碎；以剪切应力（研磨等）作用为主粉碎物料的，颗粒圆形系数高，如气流磨、球磨机尾仓研磨。

因此，提高颗粒圆形系数的主要技术途径有：加强球磨机研磨能力，采用高细磨，即降低研磨轮平均球径、增加小研磨体装载量；采用辊压机、立磨与球磨联合粉磨工艺；优化水泥颗粒组成，水泥颗粒粒径越小，圆形系数越高，在水泥中适当增加水泥中小于 $34\mu m$ 颗粒含量有利于提高水泥圆形系数。

1.14　水泥粉磨细度与磨机产质量有何关系

在一定条件下，球磨机粉磨水泥的细度与磨机台时产量成反比，与水泥质量成正比。细度与产质量的大致关系见表 1-3；表 1-4 为某厂对粉磨细度与水泥强度变化进行试验的结果。

表 1-3　在一定条件下磨机产量与细度（0.08mm 筛筛余%）的关系

细度/%	2	3	4	5	6	7	8	10	11	12	13	15	20
产量系数	0.50	0.66	0.72	0.77	0.82	0.87	0.91	1.00	1.04	1.09	1.13	1.20	1.43

表 1-4 水泥粉磨细度与水泥强度的关系

序号	细度/%	比表面积/（m²/kg）	强度/MPa	
			3d	28d
1	8.5	308	20.5	38.5
2	6.0	314	24.4	40.2
3	5.0	326	24.8	46.5
4	4.5	338	26.2	51.4
5	3.6	340	28.5	54.6
6	2.4	345	30.1	58.2

1.15 何为分级、筛分和选粉

把粉碎后的产品按某种粒度大小或不同种类的颗粒进行分选的操作过程称为分级。分级有筛分和选粉两种方式。

筛分是将固体颗粒混合物通过具有一定大小孔径的筛面而分成不同粒度级别的过程；选粉是利用固体颗粒在流体介质（如空气、水等）中在流体阻力、惯性力和重力的共同作用下其沉降速度的不同，通过选粉机对颗粒进行分选的过程。筛分一般适用于粒度大于 0.05mm 的物料分级，而粒度小于 $50\mu m$ 的颗粒物料适合用流体分级设备进行分级。

选粉的关键技术是分散和分离。分散是指尽可能地把喂入选粉机的物料分散开来，使得物料颗粒充分分散形成一定的空间距离以得以分离；分离是指在流体介质作用下，使物料在分级室的有限时间内，完成对物料的分级，把分级获得的粗、细物料充分分开，并由相应的出口排出。

1.16 选粉机及其分类

在粉体制备过程中，往往需要将固体颗粒在流体中按其粒径大小进行分级。应用空气作分散介质使颗粒按尺寸大小进行分级的设备，称为空气选粉机，简称选粉机。

按气流在选粉机内循环与否分为：通过式选粉机和密闭式选粉机。通过式选粉机是气流将颗粒带入选粉机中，在其中使粗粒从气流中析出，细小颗粒跟随气流排出机外，然后在附属设备中回收。密闭式选粉机是将粉料喂入选粉机内部，颗粒遇到该机内部循环的气流，分成粗粉及细粉，从不同的孔口排出，气流在选粉机内循环。

按物料颗粒的分级受力形式不同分为：重力沉降式分级、惯性式分级、离心力式分级和空气冲击筛以及喷射涡流分级等形式。离心力式分级设备有自由涡流式和强制涡流式两种。

1.17　选粉机的作用

选粉机是闭路粉磨系统的一个重要设备，其作用主要有：一是使颗粒在空气介质中分级，及时将小于一定粒径的细粉作为成品选出，避免物料在磨内产生过粉磨以致产生粘球和衬垫作用，提高磨机粉磨效率，从而节约能源；二是将粗粉分选出，引回磨机中再粉磨，从而有效地减少成品中的粗粉，调节成品粒度组成，防止细度不匀，保证粉磨产品质量。在产品细度相同的情况下，可使产量得到大幅度提高。

1.18　闭路粉磨系统中磨机与选粉机之间有何关系

在粉碎作业中要求生产某一狭小粒度范围的产品，然而实际上不可避免存在过粉碎现象，其粒度分布范围较宽。为了更好地控制产品粒度及其粒度分布，将磨机和选粉机组合成闭路系统，对出磨机的物料进行分级，细颗粒作为成品，粗颗粒返回再次粉磨。这样磨机与选粉机组成闭路粉磨系统。

在闭路粉磨系统中，磨机与选粉机是紧密地联系在一起的整体，可以说没有选粉机就称不上闭路粉磨。虽然选粉机不能粉磨物料，磨机中的细颗粒含量主要由磨机的粉磨效率来决定，但是选粉机能将粉磨过程中合格的产品及时分离出，从而可以提高粉磨系统的产量，降低电耗，即选粉机的工作状况对整个闭路粉磨系统能产生重大的影响。所以选粉机的选粉作用与磨机的粉磨作用二者必须相互配合，充分发挥各自的作用，才能使闭路粉磨系统实现优质高产低耗的目的。

1.19　什么是选粉效率、如何计算

选粉效率是评价选粉机的工艺参数之一，也是圈流粉磨系统的主要参数之一。选粉效率是指选粉操作后成品中所含小于某一粒径细粉的质量与选粉操作前粉体中所含小于该粒径的质量之比。用式（1-13）表示。既指进入成品中小于某一粒径的累计重量与选粉机喂料中小于该粒径累计重量的比值。

$$\eta = \frac{m}{m_0} \times 100\% \qquad (1\text{-}13)$$

式中　　η——选粉效率，%；

　　　　m_0——选粉前粉体中某种粒度的质量；

　　　　m——分离后获得的该粒度的质量。

式（1-13）反映了选粉效率的实质，但使用并不方便。工业连续生产中处理的物料量大，m_0 和 m 不易称量，即使能够称量，分离产品中也不可能完全是要求的颗粒。一般用式（1-16）进行计算。

如图 1-3 所示，在闭路流程中，设选粉前粉体、分级后细粉和粗粉的总质量分别为 F、A、B，其中合格细颗粒的含量分别为 x_f、x_a、x_b，又假定选粉过程中粉体无损耗，则根据物料质量平衡，有

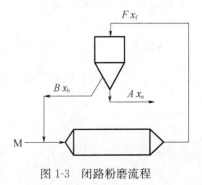

图 1-3　闭路粉磨流程

$$F=A+B \tag{1-14}$$

$$x_f F=x_a A+x_b B \tag{1-15}$$

将上二式联立，可解得

$$\eta=\frac{x_a A}{x_f F}\times 100\%=\frac{x_a(x_f-x_b)}{x_f(x_a-x_b)}100\% \tag{1-16}$$

式（1-16）表明，选粉效率与选粉前、选粉后粉体中合格细颗粒的含量百分数有关系，换言之，选粉效率的提高有赖于 x_a 的增大和 x_b 的减小。即它将随粉体粒度大小而变，粉体中粒径小的含量多时，选粉效率高，粒径大的含量多时，选粉效率低（粉磨系统出磨细度筛余小，细粉多，粒径小，则选粉效率会相应提高）。

需要注意的是，在实际应用中，仅仅说选粉效率并不是很准确的概念，一般要以特定粒径界限的选粉效率进行比较，水泥生产中通常用 0.08mm 和 0.045mm 方孔筛筛余测试的数据，它对应的是 0.08mm 和 0.045mm 为界限颗粒的选粉效率。

1.20　什么是循环负荷、如何计算

循环负荷也是评价选粉机的工艺参数之一，循环负荷是指选粉机回料量和成品量之间的比值，它与粒级的大小无关，即选粉机选粉后返回粉磨设备的物料量 B 与分选出的细粉量（即产品）A 之比，称为循环负荷 C，也称循环负荷比。

即 $$C=B/A \tag{1-17}$$

同选粉效率计算推导，根据物料平衡可推得：

$$C=\frac{x_a-x_f}{x_f-x_b}\times 100\% \tag{1-18}$$

式中各符号意义同式（1-16）。

由此可见，循环负荷比 C 值的增加，就意味着粉碎流程产品的粒度减小。但其影响是有一定限度的，循环负荷比过高，这在技术经济上是不合算的，所以，一般的循环负荷比在 100%～400% 之间。

【例】某企业一台 $\phi 4.2\times 11m$ 水泥磨与 O-Sepa 选粉机组成的闭路系统，粉磨 42.5 级普通硅酸盐水泥，台时产量为 170t，产品细度筛余 1.5%，出磨细度筛余 28%，粗粉细度筛余 52%（以上三种细度均为 0.08mm 筛筛余）。求选粉效率 η、循环负荷 C、粗粉量 Q_1 和磨内物料通过量 Q_2 与单位容积通过量 K（磨机衬板厚度 $d=50mm$、有效长度 $L_0=10.5m$）。

【解】

$$\eta=\frac{x_a(x_f-x_b)}{x_f(x_a-x_b)}\times 100\%=\frac{98.5\times(72-48)}{72\times(98.5-48)}\times 100\%=65.02\%$$

$$C=\frac{x_a-x_f}{x_f-x_b}\times 100\%=\frac{98.5-72}{72-48}\times 100\%=110\%$$

$$Q_1=170\times 110\%=187(t)$$

$$Q_2=187+170=357(t)$$

$$K=\frac{Q_2}{\pi r^2 L_0}=\frac{357}{3.14\times\left(\frac{4.2-2\times0.05}{2}\right)^2\times10.5}=2.58(\mathrm{t/m^3})$$

答：选粉效率为 65.02％，循环负荷 110％，粗粉量 187t，磨内物料通过量 357 t，单位容积通过量 2.58t/m³。

1.21　何为牛顿分级效率、如何计算

牛顿分级效率 η_n（综合分级效率）是综合考察合格细颗粒的收集程度和不合格粗颗粒的分级程度，其定义为合格成分的收集率减去不合格成分的残留率。则牛顿分级效率的综合表达式为：

$$\eta_n=\frac{成品中实有的细粒量}{原料中实有的细粒量}-\left(1-\frac{粗粉中实有的粗粒量}{原料中实有的粗粒量}\right)$$
$$=\gamma_a-(1-\gamma_b)=\gamma_a+\gamma_b-1 \tag{1-19}$$

$$\gamma_a=\frac{x_a A}{x_f F} \tag{1-20}$$

$$\gamma_b=\frac{B(1-x_b)}{F(1-x_f)} \tag{1-21}$$

式中　γ_a、γ_b——细颗粒和粗颗粒的收集率，其他符号同式（1-16）。

根据物料平衡 $F=A+B$、$x_f F=x_a A+x_b B$ 求得：

$$\frac{A}{F}=\frac{x_f-x_b}{x_a-x_b} \tag{1-22}$$

$$\frac{B}{F}=\frac{x_f-x_a}{x_b-x_a} \tag{1-23}$$

$$\eta_n=\frac{(x_f-x_b)(x_a-x_f)}{x_f(1-x_f)(x_a-x_b)} \tag{1-24}$$

式（1-24）为实用计算公式。牛顿分级效率的物理意义为实际分级机达到理想分级的质量比。

1.22　何为分级粒径

假设将任意一组颗粒进行分级，在粗颗粒部分中未混入小于 d_{pc} 粒度的颗粒，同时在细粒中也未混入大于 d_{pc} 的颗粒，此时，由于 d_{pc} 粒度的分级进行得完全，可称为理想的分级，d_{pc} 则称为分级粒径，此时的分级效率为 100％。实际上，实用的分级机不能得到这种状态。

图 1-4 为部分分级效率的理想分级曲线和实际分级曲线，部分分级效率 η_b 是指选粉机分选出的粗粉中某一粒级重量与选粉机喂料中对应的该粒级的重量之比。在图 1-4中，曲线①为理想分级曲线，曲线②、③为实际分级的曲线。理想分级曲线在粒径 d_{pc}处曲线①发生跳跃突变，意味着分级后 $d>d_{pc}$ 的大颗粒全部位于粗粉中，并且粗粉中无粒径小于 d_{pc} 的细颗粒，而细粉中全部为 $d<d_{pc}$ 的细颗粒，无粒径大于 d_{pc} 的粗颗粒。这种情况犹如将原始粉体从粒径 d_{pc} 处截然分开一样，所以，分级粒径也称切割粒径。

在一般情况下，部分分级效率为 50% 时的颗粒粒径 d_{50} 称为分级粒径或切割粒径。

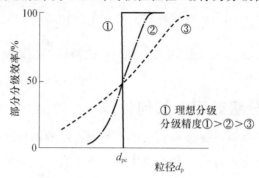

图 1-4　部分分级效率的理想分级曲线和实际分级曲线

1.23　何为分级精度

从图 1-4 中可以看出实际分级结果与理想分级结果的区别表现在部分分级曲线相对于曲线①的偏离，其偏离的程度即曲线的陡峭程度可以用来表示分级的精确度，即分级精度。为便于量化起见，提出了该曲线的指数——分级精度指数（Sharpness Index）K。德国 Leschonski 提出的分级精度指数如式（1-25）：

$$K = d_{75}/d_{25} \qquad\qquad (1-25)$$

式中　d_{75}——部分分级效率为 75% 的分级粒径；

　　　d_{25}——部分分级效率为 25% 的分级粒径。

理想分级状态下 $K=1$，K 值越接近 1 分级精度越高；反之亦然。实际分级情形时，K 值在 1.4～2.0 之间，分级状态良好，$K<1.4$ 时分级状态很好。

也有用 $K=d_{25}/d_{75}$ 表示分级精度的，此时 $K<1$，K 值越小分级精度越差。当颗粒群粒度分布范围较宽时，分级精度可用 $K=d_{90}/d_{10}$ 或 $K=d_{10}/d_{90}$ 表示。类似的指数有很多，但经常采用的是分级精度指数 K。

1.24　何为特劳姆（Tromp）曲线

特劳姆曲线是选粉机的特性曲线，是评价选粉效果常用的方法之一。特劳姆曲线是用各粒级的分级效率画成一条曲线（如图 1-5 所示，以颗粒粒径为横坐标，以各粒径进入粗粉的百分数为纵坐标），它是指选粉机分选出的粗粉中各粒级重量与选粉机喂料中各对应粒级的重量之比（例如 $45\mu m$ 颗粒，喂料中有 1kg，选粉后粗粉中还有 0.3kg，那它进入粗粉中的比例是 30%）。它反映了喂料中所有粒级的分级状况，全面地反映选粉机的分级性能。这种方法是由荷兰工程师 K.F.Tromp 于 1937 年提出的，因此，通常称该曲线为特劳姆（Tromp）曲线。

选粉机工作时，粉体进入选粉机后，合格粒径的物料量不可能全部进入到成品中，而有部分合格物料进入到粗粉中。特劳姆曲线愈陡，表明分离效率愈高。理想的选粉机，其分选非常灵敏，特劳姆曲线变为一条垂直线。这条垂直线所指的粒径颗粒有一半在细粉中，另一半在粗粉中；此时分级精度 $K=1$。小于此粒径的颗粒都被收集下

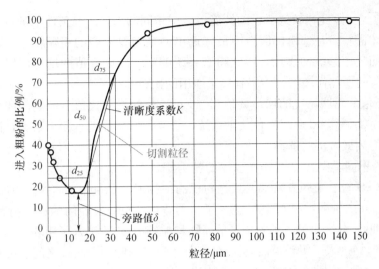

图 1-5　选粉机的特劳姆（Tromp）曲线

来，进入到细粉中，大于此粒径的颗粒则全部进入粗粉中。实际上任何一台选粉机都达不到这种效果，而只能是接近，即是一条斜曲线，斜曲线的陡峭程度即反映出选粉精度，如何反映此曲线的陡峭程度，即反映出此曲线的斜率，通常选取两点，高差一定，用两点的水平值的比值来表示斜度，采用 25% 进入回粉粗料的粒径 d_{25} 与 75% 进入回粉粗料中的粒径 d_{75} 之比值来表示，即分级精度，也称清晰度系数。

Tromp 曲线有三个特征参数反映选粉机的分级性能：（1）切割粒径 d_{50}（即分级粒径），指进入粗粉和细粉数量相等（50%）时的粒径；d_{50} 越大，成品越粗，d_{50} 越小则成品越细。（2）清晰度系数 K（即分级精度指数），指的是 Tromp 曲线的斜率。用 25% 进入粗粉的粒径和 75% 进入粗粉的粒径比值表示。K 值曲线愈陡，说明选粉机分级得愈完全，分级性能好；K 值愈小，曲线愈平缓，分级性能差。（3）旁路值 δ（也称短路值或漏选率），指曲线最低点对应的百分数值。旁路值表明选粉机不能及时将小于某一粒径的颗粒选出，δ 值小说明粗粉中混入的细粉少，所以旁路值 δ 值越小越好；这个值越大，说明选粉效率不高，因此，旁路值 δ 越小的选粉机，其选粉效率越高，选粉机性能好。旁路值 δ 是一个容易被忽视的重要参数，它和磨机的产量基本是线性关系，当 δ 减小时，磨机产量将显著提高，旁路值 δ 和控制的 d_{50} 有关，也和喂入物料的粉体浓度有关。旁路值 δ 的产生，主要是由于物料分散不好，有一部分细小的颗粒因相互黏附、凝聚、干扰作用等原因，实际上没被分散就落入粗粉，当颗粒过小时，容易团聚，有一定量的过细颗粒随空气循环而进入粗粉回料之中。

1.25　如何用特劳姆（Tromp）曲线来评价选粉机的性能

从特劳姆（Tromp）曲线图可以全面地分析选粉机的选粉性能优劣和选粉机的使用情况，进而结合磨机状况可以对系统作出合理的判断。

应该在基本相同的切割粒径条件下，比较不同型号选粉机的特劳姆（Tromp）曲线，否则就没有意义了。δ 值与选粉机内的粉体浓度有关。粉体浓度以单位时间的粉体喂料量 Q_p 和选粉风量 Q_a 的比值来表示。粉体浓度愈大，则粒子相互碰撞干扰的机会愈多，δ 值亦愈大。因此比较选粉机的性能也应在相同的 Q_p/Q_a 的条件下进行。在磨机中只有粗颗粒才需粉磨，选粉机回料中最好选出的是需要粉磨的粗颗粒，细颗粒不但不需要粉磨，而且还起缓冲作用。因此粉磨系统的产量将随 δ 值的增加而降低，或者说随 $(1-\delta)$ 值的增加而增加。为了有一个通用的比较基准，一般用 $(1-\delta_{10})$ 计，δ_{10} 为 $10\mu m$ 的旁路值。粉磨系统的增产数值与 $(1-\delta_{10})$ 的增加比值有一定的线性关系。对于同一台选粉机，其 $(1-\delta_{10})$ 值大则系统产量高，但相应的选粉风量大，因此要统筹考虑，才能得到最经济的选择。

图 1-6 为不同类型选粉机分选水泥的特劳姆（Tromp）曲线，其中（a）、（b）和（c）分别为 O-Sepa、旋风式和离心式选粉机的特劳姆（Tromp）曲线。由曲线（a）可见，喂料中 $20\mu m$ 细颗粒只有 17% 进入了粗粉，而 $50\mu m$ 粒径的颗粒，则 72% 进入了粗粉；由曲线（c）可见，喂料中 $20\mu m$ 细颗粒约有 53% 进入了粗粉，而 $50\mu m$ 粒径的颗粒，有 91% 进入了粗粉；而曲线（b）处于（a）和（c）曲线之间；可知，O-Sepa 的选粉性能较好，旋风式次之，离心式最差。

（1）在对选粉机进行比较时，首先应观察它们的特劳姆（Tromp）曲线，曲线形状越陡峭，则选粉机的选粉性能越好。

（2）切割粒径 d_{50}，切割粒径大，表明成品粗，切割粒径小，则表明成品细；图 1-6 中曲线（a）上的切割粒径为 $40\mu m$。

（3）分级清晰度（或称清晰度系数）K，当采用 $K=d_{25}/d_{75}$ 时，选粉机分选的灵敏度越高，K 值越大。理想的 K 值为 1，这时，特劳姆（Tromp）曲线呈铅垂线，大于该粒径的全部进入粗粉，小于该粒径的全部进入成品，粗粉和成品的分界线非常清楚，选粉机的分选灵敏度达到理想状态。在一般情况下，$K<1$，故不难看出，曲线越陡，选粉机的分选性能越佳。

（4）旁路值 δ（或称短路值）是曲线上的最低点。它表示由于选粉效果的影响，部分小颗粒没有很好地分选就混入粗粒的情况，δ 值越小，选粉性能越好；δ 值大，则选粉机物料分散性能差，如图 1-7 所示。

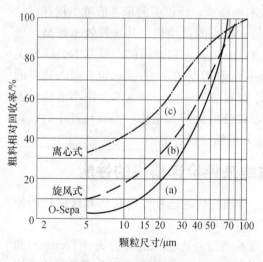

图 1-6　不同类型选粉机的
特劳姆（Tromp）曲线

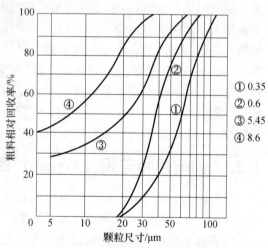

图 1-7　不同料气比（kg/m³）的
特劳姆（Tromp）曲线

（5）从图 1-7 可以看出，特劳姆（Tromp）曲线的形状和位置受选粉机内部料气比（浓度或单位风量载尘量）大小的影响。料气比愈大，则粒子间相互碰撞的机会愈多，选粉效果愈差。因此同一台选粉机在不同工况下的曲线颇有差异。

1.26　粉磨效率和循环负荷、选粉效率之间的关系

在闭路粉磨系统中，虽然选粉机没有粉碎物料的作用，产品中细粉量的多少取决于磨机的粉磨效率，然而，选粉机的选粉效率也会影响到磨机的粉磨效率。而选粉效率的高低与选粉设备的分级性能和循环负荷的大小有关。

粉磨效率随循环负荷的增加而增加，随选粉效率的提高而提高。但选粉效率又随循环负荷的增加而降低。图 1-8 为循环负荷和磨机比生产率（设 $\eta=50\%$、$C=100\%$ 时其生产率为 1）之间的关系。

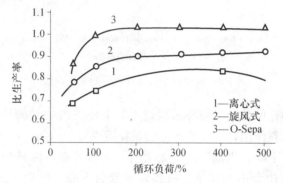

图 1-8　不同型式选粉机循环负荷和磨机比生产率的关系

循环负荷 C 与选粉效率 η 的关系可用式（1-26）表示。式中各符号意义同 1-19 选粉效率一节。

$$\eta=\frac{1}{1+C}\times\frac{x_a}{x_f} \tag{1-26}$$

从式（1-26）可以看出，循环负荷 C 与选粉效率 η 呈反变关系，C 越大则 η 越小。在产品细度一定时，控制循环负荷的变化，可以得出相应的选粉效率值。在 C 为横坐标，η 为纵坐标的直角坐标系里，可得出一条 $C-\eta$ 曲线。曲线的位置与产品的细度有关，随着产品细度的提高，选粉效率亦随之下降，表现在图形上为曲线的位置下移。同一台选粉机生产不同细度的产品时，可得出不同位置的曲线，但曲线的形状基本类似。图 1-9 为三种选粉机的 $C-\eta$ 曲线，在生产同样细度的产品时，$C-\eta$ 曲线的位置越高，则选粉机的选粉效率越好。

由此可见，选粉机的选粉能力必须与磨机的粉磨能力互相适应，正确选择操作参数，尤其要把循环负荷与选粉效率控制在合理范围内。在磨机的粉磨能力与选粉机的选粉能力基本平衡时，适当提高循环负荷可使磨内物料流速加快，增大细磨仓的物料粒度，减少衬垫作用和过粉碎现象，使整套粉磨系统的生产能力提高。如果是粉磨水泥，当循环负荷增加时，也增加了回粉中水化较慢的 $30\sim80\mu m$ 的颗粒。经过磨机的再粉磨，就能增加水泥中小于 $30\mu m$ 的微粒的含量，以提高水泥的强度。因此，适当增大

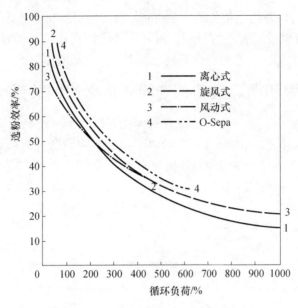

图 1-9　选粉效率与循环负荷的关系曲线

循环负荷是有好处的。但是，当循环负荷过大，会使磨内物料的流速过快，因而粉磨介质来不及充分对物料作用，反而使水泥的颗粒组成过于均匀，小于 $30\mu m$ 颗粒的含量少，以致水泥的强度下降。当循环负荷太大时，选粉效率会降低过多，甚至会使磨内料层过厚，出现球料比太小的现象，粉磨效率就会下降。结果使磨机产量增大不多，而电耗由于循环负荷增长而增长，导致经济上不合算。

因此，循环负荷应有一个合理数值。循环负荷与粉磨方法和流程、磨机长短和结构等因素有关。圈流粉磨系统只有当循环负荷控制在适当大小的情况下操作，才能获得优质高产的效果。三代不同选粉机组成的圈流系统，其合宜的循环负荷值：离心式选粉机为 $200\%\sim300\%$，旋风式选粉机为 $150\%\sim250\%$，O-Sepa 选粉机为 $100\%\sim200\%$。按此相应的比生产率的比值为 O-Sepa：旋风式：离心式等于 $1.17：1.08：1.0$。

对于同一台选粉机来说，选粉效率随着循环负荷的增加而降低（图 1-9）。必须指出，在圈流粉磨系统的操作中，并不像其他单纯以离析为目的的操作那样，一味追求较高的选粉效率。如果选粉效率不适当地提高，而循环负荷却不适当地降低，物料在磨内被磨得相当细之后才能卸出，这时开流粉磨系统所有的垫衬作用和过粉碎现象就严重起来，导致产量降低。如果选粉效率太低，则循环负荷太大，同样造成磨机效率降低，产质量也下降。因此，选粉效率也应当控制在适当范围。根据生产统计资料，粉磨水泥生料或水泥时，选粉效率一般控制在 $50\%\sim90\%$ 为宜，高效选粉机选高值。选粉效率随循环负荷的增加而降低。当循环负荷较大时，甚至低于 50% 也可以。

综上所述，循环负荷和选粉效率都影响粉磨系统的产量和质量，粉磨效率随循环负荷的增加而增加；随选粉效率的降低而降低。任何一个圈流粉磨系统，产量最高时，均有一个合宜的循环负荷值和相应的选粉效率值。在同一循环负荷下，不同型式选粉机的效率：O-Sepa 大于旋风式，旋风式又大于离心式。此外，当考虑循环负荷和选粉效率是否恰当时，不仅要注意到产量，而且也要注意到产品的粒度组成。

1.27　选粉机与水泥成品粒度组成及比表面积的关系

在一定矿物组成时，水泥的强度随比表面积增加而增加，超过一定范围（500～600m²/kg）反而下降。此外，流程不同（开流或闭流）、选粉机型式不同（离心式、旋风式、高效式等），即使比表面积相同，其强度亦有所差别，这是由于颗粒级配不同所致。研究表明，对水泥强度起主要作用的是 3～30μm 的颗粒，它与强度的发展趋势相一致，如果 3～30μm 含量相同，则强度基本相同。过小和过大的颗粒对水泥强度都有不利的影响。因此，在生产中应尽量获得 3～30μm 颗粒含量较高，粒度分布较窄的颗粒级配。

水泥产品的粒度组成符合 Rosin-Rammler-Bennet 分布函数（简称 RRB 函数），见式（1-4）。根据公式（1-27）可以计算产品的比表面积：

$$S=\frac{k}{nd_e\rho_p} \qquad (m^2/kg) \tag{1-27}$$

式中　S——产品比表面积，m²/kg；

　　　k——常数，为 36.8；

　　　ρ_p——物料比重，kg/m³，水泥取 3.1～3.2。

王仲春以 k 值为 25.3 计算比表面积更接近水泥实际情况。结果列于表 1-5。

表 1-5　d_e、3～30μm 粒径含量（%）计算值

比表面积/(m²/kg) 粒径 n 值	200		250		300		350		400		500	
	d_e/μm	3～30 μm/%	d_e/μm	3～30 μm/%	d_e/μm	3～30 μm/%	d_e/μm	3～30 μm/%	d_e/μm	3～30 μm/%	d_e/μm	3～30 μm/%
1.0	40.2	45.4	32.1	51.8	26.8	56.7	22.9	60.7	20.1	63.6	16.1	67.5
1.1	36.5	49.1	29.2	56.4	24.3	62.2	20.9	66.4	18.3	69.3	14.6	72.9
1.2	33.5	53.0	26.8	61.2	22.3	67.4	19.1	71.8	16.7	74.7	13.4	77.5
1.3	30.9	57.1	24.7	66.2	20.6	72.5	17.7	76.8	15.1	79.5	12.1	81.1
1.4	28.7	61.3	22.9	71.1	19.1	77.6	16.4	81.4	14.3	83.5	11.5	83.7
1.5	26.8	65.7	21.4	75.9	17.8	82.1	15.3	85.3	13.4	86.5	10.7	85.2

水泥产品 3～30μm 的粒径含量在比表面积小于 500 m²/kg 时，随比表面积以及 n 值（均匀性系数）的增加而增加。比表面积相同 n 值加大，或 n 值相同比表面积加大，3～30μm 含量均增加。同样的 3～30μm 含量，n 值大时比表面积可减小。

三代不同型式选粉机生产的成品其均匀性系数 n 值不同，相应范围是：离心式选粉机 $n=1～1.2$，旋风式选粉机 $n=1.05～1.3$，高效选粉机（O-Sepa、Sepax）$n=1～1.5$。也就是说，如维持相当的 3～30μm 颗粒含量，即维持基本相同的强度，n 值大的、效率高的选粉机，相应的比表面积可降低。一般情况下 O-Sepa 选粉机较离心式可降低 6%～8%。我国常规的离心式选粉机生产 42.5 级水泥时，比表面积控制指标一般为 320～340m²/kg，而用旋风式选粉机至少可降低 10m²/kg；用 O-Sepa 选粉机至少可

降低 $20m^2/kg$。

磨机的粉磨能力通常与成品比表面积的 1.3 次方成反比，亦即磨机的电耗和比表面积的 1.3 次方成正比。所以仅从比表面积的变化来看，三代不同选粉机的增产幅度将是：O-Sepa∶旋风式∶离心式为 1.08∶1.04∶1.0。

1.28　何为选粉机的切割粒径

判断分级设备的分级效果需从牛顿分级效率 η_N、分级粒径 d_{50}、分级精度 K 几个方面综合判断。譬如，当 η_N、K 相同时，d_{50} 越小，分级效果越好；当 η_N、d_{50} 相同时，K 值越小，即部分分级效率曲线越陡峭，分级效果越好。如果分级产品按粒度分为二级以上，则在考察牛顿分级效率的同时，还应分别考察各级别的分级效率。

如在一个垂直的圆形管形成的重力沉降分级设备中，当气流以速度 u_f 随着管路上升时，如果单个颗粒重力沉降速度 u_0 比气流的速度 u_f 小，单个颗粒将随着气流的流动，被带到管的顶部而排出；如果该颗粒重力沉降速度大于上升气流速度，该颗粒则下降；当颗粒重力沉降速度等于气流上升的速度，则如式（1-28）所示。

$$u_f = u_0 = \frac{d_p^2(\rho_p - \rho)g}{18\mu} \tag{1-28}$$

式中　u_0——颗粒在流体中的相对运动速度，m/s；

d_p——球形颗粒直径，m；

ρ——流体密度，kg/m^3；

ρ_p——颗粒的密度，kg/m^3；

g——重力加速度；

μ——流体黏度，Pa·s。

此时，该颗粒的粒径称为切割粒径 d_{PC}。这时在理论上切割粒径是不会离开分级区域的。在实际的运行中，处于切割粒径的颗粒在粗细颗粒中呈现均匀分配，因此有时也称为等概率粒径。

离心沉降速度与重力沉降速度之比值 k，式（1-29）称为离析因素，它等于惯性离心力与重力之比。k 值大小与旋转半径成反比，与切线速度的二次方成正比。减少旋转半径，增加切线速度，都可使 k 值增大。

$$k = \frac{u_{0_1}}{u_0} = \sqrt{\frac{u_f^2}{Rg}} \tag{1-29}$$

由于颗粒在重力作用下的沉降速度很小，因此上述重力系统模型并不适合于小颗粒的分级，由式（1-29）可知，可以利用惯性离心力加快颗粒的沉降及分离出比较小的颗粒，而且离心分离设备的体积也比重力分离设备的小。例如颗粒以半径为 $r=0.1m$、圆周速度 $u_f=100m/s$ 运动，那么离心加速度 a 和重力加速度 g 的比等于 10000，因此颗粒沉降速度被大大增加，切割粒径则减小。

一般离心分级设备在上述条件下切割粒径极限为 $1\sim2\mu m$ 之间，要得到更细切割粒径的产品就必须增加气流或颗粒圆周速率，即 u_f 要高。低于 $1\mu m$ 的切割粒径需要更高的气流圆周速率和低的径向速度。当 $a=0.01m^2/s$，$1\mu m$ 的切割粒径需要空气的圆周速率达 110m/s。将切割粒径减到 $0.5\mu m$ 时则空气圆周速率将是前者的两倍。如果分级设备尺寸 r 或径向速度 u_r 减少，则可使离心分级设备的切割粒径进一步减少。然而，由于气流仅能运载有限的颗粒数量，一定的流量需要一个确定的流速，所以必须有一定流速和体积的流体与一定的径向速度相配合。如果要减少尺寸或分级设备半径 r，必须增加分级设备高度，或者是增加分级设备的台数。

1.29　选粉机的选粉效率、循环负荷与磨机内研磨体级配之间关系

磨机与选粉机组成闭路粉磨系统，在闭路粉磨系统中，选粉效率、循环负荷与磨机内研磨体的级配有密切关系，当磨机配球平均直径过大时，钢球之间空隙大，物料流速快，出磨物料粗，选粉效率低，循环负荷大，磨内物料量过多，影响磨机的粉磨效率；反之，磨机配球平均直径过小时，出磨物料细度太细，磨机和选粉机的作用也同样不能充分发挥。因此，选择合理的平均球径，把选粉效率和循环负荷控制在最佳范围内，才能使磨机达到优质高产低耗的目的。

1.30　粉磨节能的选粉机效率

粉磨节能的选粉机效率，其定义为开路粉磨变为闭路粉磨所得节能值（B）与最大节能值（B_{max}）之比，用 V_S 表示：

$$V_S = \frac{\text{节能值}}{\text{最大限度节能}} = \frac{B}{B_{max}} \tag{1-30}$$

闭路粉磨节能

$$B = B_{max} V_S \tag{1-31}$$

其中

$$V_S = \frac{\log\dfrac{R_0}{R_c} - (C+1)\log\left[\dfrac{(R_0+CR_b)}{(R_c+CR_b)}\right]}{\log\dfrac{R_0}{R_c} - (C+1)\log\left[\dfrac{(R_0+C)}{(R_c+C)}\right]} \tag{1-32}$$

$$B_{max} = 1 - (C+1) \times \frac{\log\left[\dfrac{(R_0+C)}{(R_c+C)}\right]}{\log\dfrac{R_0}{R_c}} \tag{1-33}$$

式中　　　C——循环负荷，%；

R_0、R_b 和 R_c——分别为新喂入磨机物料、粗粉和细粉中大于某一指定粒径的含量，即某一粒径的筛余，%。

第 2 章 选粉机的类型及特点

2.1 选粉机的发展过程

水泥工业选粉机的发展到目前为止主要经历了三个阶段。

第一阶段：1885 年，英国人 Mumford（芒福德）和 Moody（穆迪）获得了首个选粉机发明专利；该专利公开不久，德国 GEBR. PFEIFER（弗菲夫）公司买下了这个专利技术，根据专利所述的结构和分选机理制造了选粉机，并在工业上取得了成功的应用。而真正将这种选粉机广泛应用而闻名于世的是美国 STURTEVANT（斯特蒂文特）公司。他们生产最大选粉机直径达到 11m。所以当时人们都将这种选粉机称之为斯特蒂文特选粉机，按其分级原理和结构特点又称它为"离心式选粉机"，也就是通常我们说的第一代选粉机。离心式选粉机存在以下缺陷：①选粉机内部风速不均匀；②机内物料浓度高，物料互相干涉，颗粒之间分离困难；③边壁效应的影响使得粗粉回料中细粉所占的比例很大；④颗粒受的外力不稳定，颗粒的临界分级尺寸变异较大。导致物料的分散较差、选粉效率低、单位电耗高、选粉精度差；且由于采用的大风叶直径大，运转平衡困难，易产生较大振动，运行不平稳。

第二个阶段：20 世纪 60 年代初，德国 HUMBOLDT. WEDAG（洪堡-维达格）公司对第一代选粉机进行了改进，研制了旋风式选粉机（或称维达格选粉机），也称之为第二代选粉机。该旋粉机虽然核心结构与离心式选粉机相比没有根本的变化，但由于减少了物料的循环，选粉效率有所提高，其特点是取消离心式选粉机的大叶片，在选粉机外部设有独立的循环风机，在选粉室四周安装了 4~8 个旋风筒，以提高捕集细粉的效率。调整循环风机的风速来控制上升风速，大幅度改善产品质量。同时选粉机的主轴转速可调，可与上升风速相匹配，达到较好的选粉效果。由于去掉了大风叶，设备的振动减小，运行的可靠性有所提高。但是由于旋风式选粉机没有彻底改变第一代选粉机的选粉机理，所以在运转过程中物料的分散不均匀、分选断面上气流出现紊流状态、空气阻力较大和边壁效应现象等问题仍然存在。

第三个阶段：1971 年，日本小野田（ONODA）株式会社申报了一项发明专利，并在 1979 年开发出 O-Sepa 选粉机，得到了迅速推广和应用。其结构不仅保留了旋风式选粉机的一些优点，而且采用了立式笼形转子结构从根本上改变了选粉机的分级原理，从而大大提高了选粉效率。比第一代选粉机的选粉能力提高 100%，比第二代选粉机的选粉能力提高 20%~50%。在 O-Sepa 选粉机专利失效以后，很多国外公司推出与之类似的笼型选粉机结构，其选粉机理没有改变。此结构的选粉机统称为高效选粉机，也称为第三代选粉机。目前大部分选粉设备的分级原理仍然采用以 O-Sepa 选粉机为代表的笼形转子结构。在水泥工业的粉磨加工系统，采用笼型选粉机已经成为趋势。譬如，5000t/d～10000t/d 规模水泥生产线的粉磨系统，一般都采用大处理量的笼型高效选粉设备，对原料、煤粉、水泥、矿渣和粉煤灰等进行闭路循环分选处理。

选粉技术的不断发展，其基本原因在于：①闭路粉磨系统增产降耗的要求；与选粉机配套的粉磨系统，具有更高的粉磨效率、产量及较低的能耗。②水泥质量要求的提高，也对选粉机提出了更高的要求。使用厂家对水泥质量的要求提高，有向高细度、高强度等级水泥发展的趋势，人们对水泥质量认识的进一步深入，使得在评价水泥质量方面的一些观点发生了变化。水泥质量除了和熟料矿物成分有关外，与粉磨后的成品颗粒组成亦有关。一般低强度等级水泥用筛余控制细度，随着强度等级的提高用比表面积控制，比表面积大，强度高。人们进一步发现水泥强度与水泥颗粒的组成有关，$3\sim30\mu m$ 的颗粒是发挥强度作用的主要成分。③选粉机技术的研究成果，既可拓展到非金属矿、化工、食品等行业的分选技术中，同时又对超细粉分级技术的研究具有一定的参考价值，而超细粉的分级又是机械法制备超细粉领域中的一个关键技术。

三代不同选粉机的发展实际上是与控制要求的变革相联系的，另一方面是由于机组系统产量的增加以及节能期望值的提高，要求选粉机单机能力扩大，选粉效率进一步提高，促使选粉机从机理上和结构上加以改进以适应水泥生产的需要。

2.2 粗粉分离器的构造及工作原理

粗粉分离器的构造如图 2-1 所示。分离器的主体部分是由外壳体和内壳锥体组成。外壳体上有顶盖，下接粗粉出料管和进气管，内锥体下方悬装着反射锥，外壳盖下和锥上边缘之间装有折流调节叶片，外壳顶盖中央装有出气管。

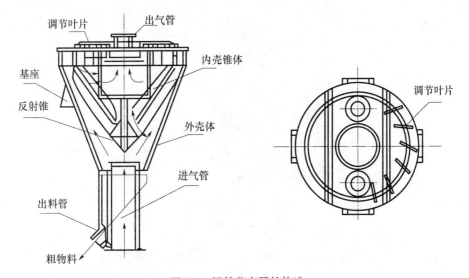

图 2-1 粗粉分离器的构造

其工作原理：粗粉分离器是利用颗粒流体在垂直上升及旋转运动的气流中由于重力及惯性离心力的作用沉降分离的设备。从粉磨设备中排出的颗粒物料随气流以 $15\sim20\text{m/s}$ 的速度自下而上从进气管进入内外锥之间的空间。颗粒气流在进入此空间时，首先碰到内锥底部的反射锥，此时气流中的大颗粒出于惯性力作用被挡落在外壳体下部的内锥体内，并从粗粉排料管排出。同时，气流由于空间通道的扩大，使上升气流流速降低，因此，较大颗粒物受重力作用而降于外壳体下部，从粗粉排料管排出。气流带着较细的颗粒在环形通道中上升至顶部后，通过上筒顶部的百叶式调节叶片，向下进入内壳锥体中。由于调节叶片与圆筒径向呈一定的角度，导致气流作旋转运动而产生离心分离作用，使部分较大颗粒沿内锥体落下进入外壳出料管，从出料管排出的粗粒物料可以连续排入磨机内。较细的颗粒则随气流从出气管被抽出，由旋风收尘装置收集下来。

2.3 粗粉分离器的特点

粗粉分离器结构简单，没有运动部件，不易损坏，操作方便。使用这种选粉机可以得到细度相当于 0.080mm 方孔筛上筛余为 10%～20% 的细粉，生产能力相对较小。不过使用这种选粉机时，必须另设通风机产生气流，以将粉料带入选粉机；另外还需设置气固分离设备用于收集细粉，使工艺流程相对复杂。粗粉分离器适宜配用风扫式磨机系统，通常用于煤粉的制备。

2.4 离心式选粉机的构造和工作原理

离心式选粉机构造如图 2-2 所示。选粉机由外壳和内壳套装而成，内壳用支架固定在外壳内部，内外壳之间形成环形空间。内壳中部有一垂直漏斗，漏斗中心的垂直轴上装有转子。转子由撒料盘、辅助风叶（小风叶）和主风叶（大风叶）组成，在大小风叶之间和内壳顶边装有一圈可以调节的挡风板。内壳中部装有一圈可以调节进风角度和空隙的回风叶，回风叶之间间隙为内外壳气流循环通道。选粉机的顶部用盖板封闭。

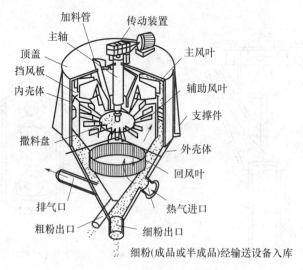

图 2-2 离心式选粉机结构简图

工作原理为：离心式选粉机依靠大风叶旋转产生的循环气流，经过内壳中部切向装置的回风叶之间的间隙，进入内壳后，形成旋转上升的气流，然后又从内外壳之间的环形空间下降，返回内壳。因此在选粉机的内部形成气流循环。粉料由从喂料口，经漏斗落到旋转的撒料盘上，受到惯性离心力的作用，甩向内壳的周壁，并在旋转气流的作用下，较粗大的颗粒撞到内壳的壁面时，失去动能，沿着壁面滑下，作为粗粉经粗粉出口排出。其余较小颗粒被旋转上升的气流卷起，经过小风叶的作用区时，在小风叶的碰击作用下,又有一部分颗粒抛到内壳周壁被收下;气流经过挡风板时,发生部分折流,在惯性力作用下,也有一部分颗粒被分离下来。当含有细小颗粒的气流进入内外壳之间的环形空间,由于运动方向急剧改变,通道截面扩大,气流速度减慢,于是气流中的细小颗粒便落下,沿着外壳内壁滑到细粉出口,作为细粉排出。而气流则受到风叶的抽吸,重新返回内壳循环使用。

2.5　离心式选粉机分级上存在的主要缺陷

离心式选粉机由于本身结构的原因,在物料的分散、分级及细粉的收集三个环节上不同程度地存在着缺陷。

离心式选粉机内颗粒的受力情况如图 2-3 所示。重力 G,方向向下,大小与颗粒质量成正比;离心力 F_c 方向为水平径向向外,其大小随颗粒所处位置不同而变化;气体阻力 F_d,其方向与大小均随所处位置不同而变化;三者合力为 R。由于在分级区内,截面形状变化较大,致使各截面的气流速度的大小与方向变化较大,分级气流不能形成稳定、均齐的分级力场。因此,在分级区内同一粒径大小的颗粒会因处在不同的位置而受到大小与方向都不同的合力。由上而下的分级气流在分级区上部盖风板处,因突然变向形成一死角,在死角内形成局部涡流,干扰分级区的流场;同时,机壁效应的存在,也影响细粉的分离,使部分细粉与粗粉一起碰到内壁而沉降。这两方面的因素导致选粉机无明确的分级界面和稳定的分级力场,分级精度低。

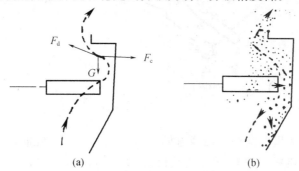

图 2-3　颗粒在选粉机内的运动

(a) 颗粒受力情况;(b) 颗粒运动情况。

物料在选粉机内主要靠搬料盘的离心力抛出分散,不可能在整个截面上均匀分布;同时,分级区内流场的不稳定更加剧了物料的分散不均,而物料充分、均匀的分散是实现高效率分级的前提条件。

离心式选粉机的细粉收集靠内外壳体间的环形空间在重力作用下沉降收集,细粉收集效率较低,大量微细粉随气流进入内壳体,一方面增如了分级区的粉体浓度,加剧了颗粒间的相互干扰;另一方面,粉体浓度的增加,细粉更易团聚或与粗粉一起向机壁沉降,使粗粉中的细粉含量增加。

2.6　离心式选粉机中存在着几个分离区

在离心式选粉机中,存在着两个分离区:一个是在内壳中的选粉区,颗粒主要是在惯性力作用下沉降;另一个是在内外壳之间的环形空间的细粉沉降区,颗粒主要是在重力作用下沉降。选粉区还可细分为选粉区和细粉提升区，这两个区的高度比例对于选粉机的工作具有重要的意义。延长细粉在气流中的停留时间可能使物料更好地分级，故选粉空间应尽可能高。细粉提升区的细粉越过内壳的边棱，其输出速度必须尽可能快。

2.7　旋风式选粉机的构造和工作原理

旋风式选粉机构造如图 2-4 所示，选粉机的分级室是一个用钢板制成的圆柱形外壳。分级室的周围均匀布置有 2～8 个旋风分离器。在分级室内，小风叶和撒料盘安装在主轴上，由电动机经过胶带传动装置带动旋转。离心通风机产生循环气流。

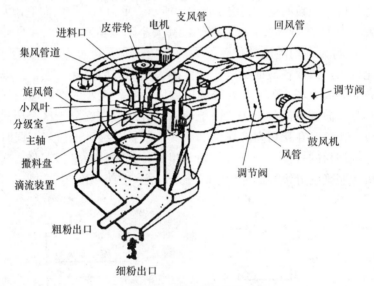

图 2-4　旋风式选粉机

工作原理：通风机把空气从切线方向送入分级室下部，经滴流装置的缝隙旋转上升，进入分级室。粉料由进料管落到撒料盘后，立即向四周甩出，撒布到选粉区中，与上升的旋转气流相遇。粉料中的粗粒，质量较大，受撒料盘、小风叶和旋转气流共同作用产生的惯性离心力也较大，被甩到分级室的四周边缘；当它与壁面相碰撞后，失去动能，被收集下来，落到滴流装置处，在该处被上升气流再次分选，然后落到内下锥处，经粗粉管排出。粉料中的细颗粒，质量较小，在选粉室中被上升的气流带入旋风筒内。气流是从切线方向进入旋风筒的，形成旋转气流，气流中的颗粒受到惯性离心力的作用，甩向四周筒壁，向下落到下部的外锥体中，作为细粉经细粉管排出。从旋风筒出来的气体经回风管再返回通风机形成了循环气流。

2.8　旋风式选粉机的特点

由于旋风式选粉机外部设立了独立的空气循环风机，取代离心式选粉机的大风叶；机体四周布置 2～8 个旋风收尘器，用以收集细粉，将离心式选粉机中风的内循环方式改为外循环方式，把选粉机的物料分级与细粉收集两过程分开，使旋风式选粉机相对于离心式选粉机具有如下的优点：

（1）转子转速与系统的循环风量可分别调节，既易于调节产品细度，也扩大了细度的调节范围。水泥产品的比表面积可调范围为 $250\sim600\mathrm{m^2/kg}$。

（2）采用小直径的旋风收尘器收集细粉，可提高细粉的收集效率（其收集效率可达 90%，而离心式选粉机的收集效率仅为 50%），减少细粉的循环量，有利于提高选粉效率和分级精度。

（3）选粉效率提高，处理风量增加。在相同的选粉能力下，旋风式选粉机的机体直径较离心式选粉机小，分级室单位截面积的处理物料量比离心式选粉机高 2～2.5 倍。

尽管如此，由于旋风式选粉机的分级结构和分级原理与离心式选粉机相似，对离心式选粉机所存在的主要缺陷（如分级力场的不稳定、机壁效应与局部涡流的存在等）都未能彻底消除，因此，其分级性能的改善是有限的。

2.9 O-Sepa 选粉机构造和工作原理

O-Sepa 选粉机的结构如图 2-5 所示，主要由涡壳形筒体，导流叶片，笼形转子，撒料盘，水平分隔板，一、二次进风口，锥形灰斗，细粉出口和电机等传动装置组成。

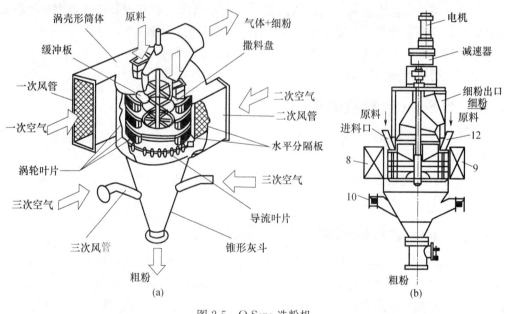

图 2-5 O-Sepa 选粉机
(a) 立体图；(b) 剖面图

工作原理：气流分别由一次风管、二次风管切向进入涡壳形筒体，经过导流叶片进入导流叶片和涡轮转子之间的环形分级区，形成一次涡流。然后进入涡轮内部的分级区，在高速旋转的涡轮叶片的带动下，形成二次涡流。最后气流经过涡轮中部，由细粉出口进入旋风筒或袋式收尘器等细粉收集设备。物料从进料口喂入，经撒料盘离心撒开，在缓冲板的作用下均匀分散后落入环形分级区，与经过导流后的分级气流进行料气混合。在旋转的分级气流作用下，物料中较粗的颗粒被甩向导流叶片，沿分级室下降进入锥形灰斗。再经过由三次风管进入的三次空气的漂洗，将混入粗颗粒中或聚集的细粒分出后，粗颗粒经翻转阀排出。粒径较小的细颗粒随气流进入涡轮分级区，在强制涡流场中再次被分级。较粗的颗粒被甩出，回到环形分级区，合格的细颗粒则随气流一起通过涡轮中部，由细粉出口排出。

2.10　O-Sepa 选粉机的特点

O-Sepa 选粉机内的物料自上而下通过选粉机转子上垂直布置的涡流调节叶片与导向叶片组成的较高的分级区，停留时间较长，分级粒径由大到小连续分级，为物料提供了多次分级机会，在分级区内，不存在机壁效应和死角引起的局部涡流，在同一半径的任何高度上内外压差始终一致，气流速度相等，从而保证了颗粒所受各力的平衡关系稳定不变。缓冲板的撞击及水平涡流的冲刷，使物料充分分散并均匀地分布于分级区内。为精确地选粉创造了良好的条件，其特点是：

①物料粒径分选精确，选粉效率高；

②精度高，即特劳姆曲线比较陡；

③可在较大范围内控制产品细度，改进了粒径分布，有利于提高水泥质量；

④能处理高浓度含尘气体，将含尘气流作分选气流使用，而且不影响选粉性能；

⑤磨机可采取强力通风，选粉机内可引入大量清风，有利于降低系统温度，提高粉磨效率，产品温度低，不需要水泥冷却器，简化了工艺流程；

⑥机体小，叶片和叶轮磨损率低，布置紧凑，维修简单；

⑦可使磨机产量增加 22%～24%，节能 8%～20%。

2.11　O-Sepa 选粉机的规格

O-Sepa 选粉机的规格以选粉机通风量为标志。如 N-1500 代表通风量为 1500m³/min。

共有 10 种规格：N-250、N-500、N-1000、N-1500、N-2000、N-2500、N-3000、N-3500、N-4000、N-4500。

2.12　Sepax 选粉机构造和工作原理

F.L. 史密斯公司在 1984 年开发了 Sepax 选粉机（图 2-6）。该选粉机是由主体分选部分和分散部分两部分构成，分选部分和分散部分两部分由一垂直管道连接，垂直管道长度可根据布置需要调节。分离部分由导向叶片、立式转子、喂料口、细粉出口、粗粉锥和粗粉出口阀等组成；分散部分由抗磨板、轴承罩、锁风器、布料板、磨损研磨介质卸出装置和进气口等组成。该选粉机有 Sepax-Ⅰ型 [图 2-6（a）] 和 Sepax-Ⅱ型 [图 2-6（b）] 两种型式，后者与前者的区别是上部带有四个小旋风筒、成品靠自身就能收集大部分。

工作原理：来自磨机的物料被喂入选粉机的分散区，并在那里被上升气流吹起破碎和磨损的研磨介质碎片则逆气流下落，经磨损研磨介质卸出装置排出。因此，Sepax 选粉机内的磨损特别低。悬浮物料在上升气流的作用下到达分离区，并通过垂直导向叶片后到达转子处，（导向叶片的功能：一是保证气体速度在整个转子高度上均匀分布，这是精确选粉的前提条件；二是使空气和物料旋转以实现有效的预分离；三是收集被转子选出的粗粉），导向叶片选出的粗粉掉入粗粉锥内并通过出口排出；细粉通过转子后，随选粉空气由选粉机顶部的细粉出口离开选粉机，转子由一调速电动机驱动，以改变电动机的速度来调节成品的细度。

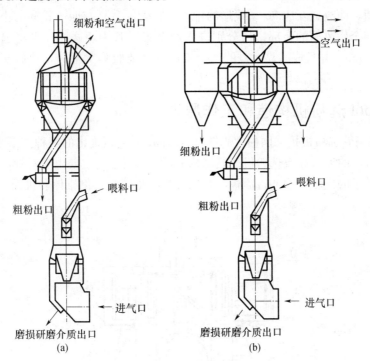

图 2-6 Sepax 选粉机

（a）Sepax-Ⅰ型选粉机；（b）Sepax-Ⅱ型选粉机。

2.13 Sepax 选粉机的特点

Sepax 选粉机的特点：

① 性能好、效率高。下部的分散部分由固定的撒料板代替了传统的旋转撒料盘，使物料得以均匀分散。通过中间连接风管时，又进一步得到分散。在穿过圆周均布的竖式导向叶片时，粉料团块还会继续击散，使进入选粉区的物料分散极好，给高效选粉创造了必要的条件。选粉区窄而长，延长了物料的停留时间。空气在转子周围分布均匀，涡旋气流稳定，颗粒受力恒定。因此，选粉性能好，效率高。实践证明，一般可使粉磨系统增产 30%，节电 20%。

② 能力大。Sepax 高效选粉机的直径可在 $\phi 1.9 \sim 4.75 m$ 之间，相应的选粉能力为 $25 \sim 300 t/h$。

③ 细度调节容易。只要改变转子的转速就可将成品细度控制在 $250 \sim 500 m^2/g$ 勃氏比表面积范围内。

④ 减轻磨损，防止篦板堵塞。这种选粉机可有效地将研磨介质和物料的碎渣及时排出，一方面最大限度地减轻了选粉机和输送设备的磨损，另一方面可减少磨机篦板的堵塞，能够提高粉磨效率。

⑤ 结构紧凑，体形小、重量轻。这种选粉机将分散和选粉分开，构成了细长结构。

因此，结构紧凑，体形窄小，重量很轻。非常适用于将开流粉磨系统改造为圈流粉磨系统，更适合于改造普通型的选粉机。

Sepax-Ⅱ型高效选粉机的构造与 Sepax-Ⅰ 型基本相同，只是将向上偏斜的一个排风排料管取消，而改成互成 90°切线形的排风排料管，分别与四个相同的小旋风筒的进风口连接。四个旋风筒的上部出风分别进入两个集风管中，这样一来将选粉部分的高度降低约 500mm，并且成品靠自身的四个旋风筒就能收集大部分，使后部设置的收尘器规格减小。

2.14　Sepol 选粉机构造和工作原理

Sepol 型高效选粉机是德国伯力鸠斯（Polysius）公司推出的一种体形小、效率高、典型的切向进风的笼型高效选粉机。其结构如图 2-7 所示，主要由喂料管，上部撒料盘和下部笼形转子的立轴，缓冲折流板，导向叶片，横隔板，倒锥体和机壳等组成。

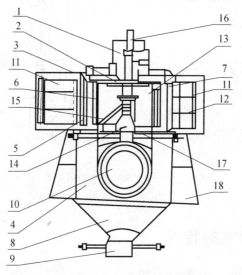

图 2-7　Sepol 型选粉机

1—喂料管；2—撒料盘；3—缓冲折流板；4—壳体；5—导向叶片；6—转子叶片；7—选粉区；
8—倒锥体；9—翻板阀；10—连接管；11—进风管；12—横隔板；13—笼形转子；14—轴毂；
15—连接件；16—立式主轴；17—拉杆；18—支座

工作原理：物料由喂料管喂到撒料盘的中心部位，保证物料均匀而充分地分散，物料被高速旋转的撒料盘甩向缓冲折流板，受到撞击后进一步分散，在重力作用下落到由固定在壳体中的窄而长的竖式导向叶片和转子叶片所形成的环形空间选粉区，进行分离。粗粉在选粉区内由于不能被风带走，在重力作用下落入壳体下部的倒锥体中被收集下来，通过翻板阀排出。细粉通过转子叶片被吸入转子中间，由下部的排风管排出，在系统中设置的收尘设备将成品收集下来，废气由排风机排入大气。

选粉空气和细粒产品借助于重力从下部排出，比向上排出节能。壳体上的两个水平进风管是对数螺线形，保证阻力最小。为了使含尘气体在竖直方向能够合理分布，通过导向叶片进入选粉区，将进口用隔板分隔成三个尺寸相同的断面。靠安装在进口的翻板阀来调节不同高度上的选粉气流量。为了控制产品的颗粒分布，导向叶片的角度是可调的。这样，通过改变导向叶片的角度和选粉空气量，可以在一定范围内改变产品特性。

2.15   SKS 选粉机的构造和工作原理

SKS 型高效选粉机是德国洪堡（KHD）公司根据 O-Sepa 高效选粉机的原理开发的一种高效选粉机，如图 2-8 所示，主要由装有撒料盘和笼形转子的主轴、缓冲折流板、一次和二次进风口、导向叶片、壳体和上排风管组成。

工作原理：物料通过斜槽，从上部的中心喂入选粉机的撒料盘上，通过撒料盘的转动，物料被甩向周边的缓冲折流板上，物料碰撞击散后折向下降落到由壳体上的导向叶片和转子叶片构成的窄长环形选粉区；含尘气体由一、二次进风口切向导入，通过导向叶片均匀地进入选粉区，对进入该区的物料进行分选。细粉随气流通过转子叶片进入笼形转子的中部，再通过 90°上排风弯管排出，然后进入后设的分离器将气固分离，成品被收集下来输送走，废气排出。粗粉落到下设的斜槽中，输送到磨机中重新粉磨。

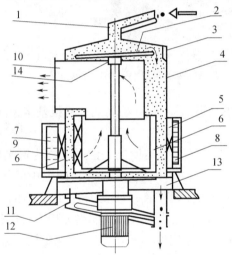

图 2-8   SKS-SEPMASTER 型高效选粉机

1—斜槽；2—撒料盘；3—缓冲折流板；4—壳体；5—导向叶片；6—转子叶片；7——次进风口；
8—二次进风口；9—笼形转子；10—上排风管；11—斜槽；12—电机；13—支架；14—主轴

2.16   TSV 型动态选粉机的构造和工作原理

TSV 型高效选粉机是法国 FCB 公司在 O-Sepa 型高效选粉机的基础上开发研制的一种高效选粉机，均属于笼形选粉机。共有三种结构型式（图 2-9），TSV 三种型式选粉机主要构造是相同的，主要由传动装置、转子部分、壳体部分、润滑部分四部分构成。

（1）全风扫式 TSV-A 型高效选粉机。TSV-A 型高效选粉机用于风扫磨，因此没有喂料装置，如图 2-9（a）所示。这种高效选粉机只要将进风管与风扫磨的风料排出管相接即可，排风出料管与收尘器的入口相接，将成品收集下来，净化气体排入大气。粗粉回料管与回磨机的装置相衔接，使粗粉回喂到磨机内重新粉磨。

（2）半风扫式 TSV-B 型高效选粉机。TSV-B 型高效选粉机比 A 型只增加了上部的喂料装置，为使上部喂入的物料在选粉前能够充分散开，故增设了分散装置，与 O-Sepa 型高效选粉机基本相同，其余同 A 型，如图 2-9（b）所示。

（3）无风扫式 TSV-C 型高效选粉机。无风扫式 TSV-C 型高效选粉机与 O-Sepa 型高效选粉机几乎完全相同，只是没有所谓二次和三次进风口，如图 2-9（c）所示。

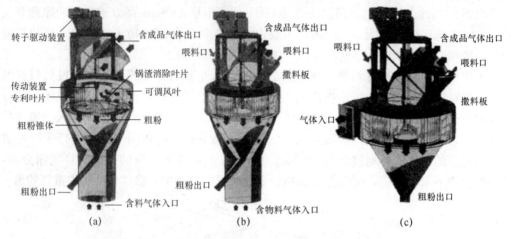

图 2-9　TSV-A、B、C 型选粉机

(a) TSV－A 型选粉机；(b) TSV－B 型选粉机；(c) TSV－C 型选粉机

TSV 型高效选粉机的构造与 O-Sepa 型高效选粉机基本相同，主要改进之处有以下几点：

（1）转子叶片的断面形状不是等宽度的，法国人称为透平叶片（Turbine blades），它们之间所形成的流道间隙里大外小。使进入叶片间隙中的气流速度逐渐减小，可提高卷吸能力，保证物料颗粒在任何位置时所受的各种力作用恒定，选粉区的空间比其他高效选粉机大 5～10 倍，因而选出的成品粒度更加均齐，选粉效率更高。

（2）选粉叶片在操作中就能连续调节，随时可改变粒度分布曲线的陡度，提高选粉精度。

（3）采用消除涡旋隔板，使压力损失降低到 1500Pa，在全风扫式操作中的电耗降低到 0.1～0.2kWh/t。

（4）由于采用消除涡旋隔板和特别有力的防磨装置以及轴承的高寿命设计，使该高效选粉机的使用寿命大大提高，几乎不需要什么维护，主要零部件不需要拆换，所以十分可靠。

2.17　S-SD 型高效选粉机的构造和工作原理

美国斯特蒂文特公司开发出来的 S-SD 型阶梯撒料盘式选粉机，其外形与离心式选粉机相似，但分级气流从机壳的侧面沿水平方向进入，其结构如图 2-10 所示。另外在阶梯形撒料盘的下部装有三角形风叶，旋转时可产生向下的气流。分级气流通过导流叶片、圆钢箟栅后螺旋运动速度加快；物料得到进一步分散和分级后，粗颗粒经锥形灰斗由锁分阀排出，细颗粒随气流由出风口排出。

该选粉机的特点如下：①分级气流沿切向进入，在水平面内运动。②气流与物料在机内停留时间较长，可提高分级效率。③圆钢篦栅耐磨件好，容易更换，调节分级粒径比较方便。

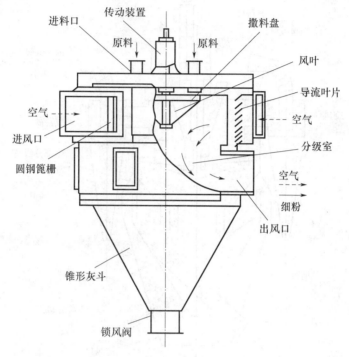

图 2-10　S-SD 型高效选粉机的结构简图

2.18　MDS 型高效选粉机的构造和工作原理

日本三菱公司开发的 MDS 型高效选粉机，是将旋风分级和离心分级结合起来的分级设备，改善了选粉机的分级性能，其结构如图 2-11 所示。分级气流从下部进风口进入，经过导流叶片、下部分级室、上部分级室进入旋风筒后排出。物料被撒料盘甩开、分散后，在分级气流中下降，受到多次分级作用。粗颗粒沿下部分级室的壁面经粗粉出口排出。细颗粒随气流进入旋风筒，经收集后由细粉出口排出。少量微粉与气流一同进入收尘器。

2.19　MDS 型高效选粉机的主要特点

MDS 型高效选粉机的主要特点有：①可利用粉碎机内的通风和各收尘点的含尘气体作为分级气流，故所用的风机容量比较小；②含尘气流中的粗颗粒可在下部分级室中除去，因此，分级室中单位气体的粉体浓度降低，单位容积的处理量大；③通过改变分级叶片的转速和导流叶片的角度，可在一定的范围内改变分级粒径的大小。

2.20　双转子选粉机的构造和工作原理

高效双转子选粉机的系统结构如图 2-12 所示，主要由装有撒料盘、上笼形转子和下笼形转子的主轴、选粉室、旋风筒、滴流装置、外锥体、内锥体、风机和调整电机等组成，其特点是有上下两个转子。

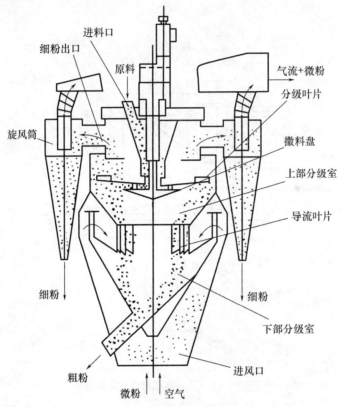

图 2-11　MDS 型高效选粉机结构简图

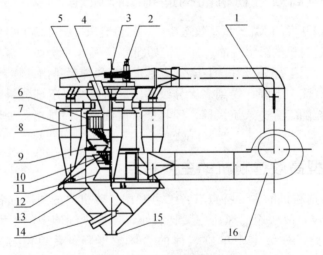

图 2-12　双转子选粉机

1—调节阀；2—调整电机；3—主轴；4—进料口；5—回风管；6—上转子；7—旋风筒；8—选粉室；
9—撒料盘；10—下转子；11—滴流装置；12—外锥；13—内锥；14—粗粉出口；15—细粉出口；16—风机

工作原理：出磨物料由选粉机上部料斗进入选粉机内壳，落到与转子成一体的旋浆撒料盘上，在撒料盘的高速旋转作用下，物料一方面受到惯性离心力作用向四周撒出，呈分散状态，在上升气流作用下物料中较细的颗粒向上，而较粗或较重的物料被撒料盘叶片分散沿筒壁落下，完成第一次选粉；撒料盘下方的下笼形转子随主轴一起转动，形成涡旋气流，将沿筒壁落下的较粗较重的物料再次打散，其中细粉随气流向上，重新回到循环风中，再次分级。粗粉经滴流装置，从内锥体排出。撒料盘上方的上笼形转子使上升气流中的物料受到较强的离心力，较粗的颗粒被分选出，细颗粒则随循环风进入外部各个旋风筒内，作为成品被收集。

2.21　T-Sepax 三分离选粉机的构造和工作原理

T-Sepax 高效三分离选粉机是盐城一家公司在吸收了第三代选粉机的分级优点，又保留了第二代选粉机的特点开发的产品。结构如图 2-13 所示。主要由壳体、装有撒料盘和笼形转子的主轴、导风叶、旋风筒、下锥体、粗粉出口、中粉出口和传动装置等组成。

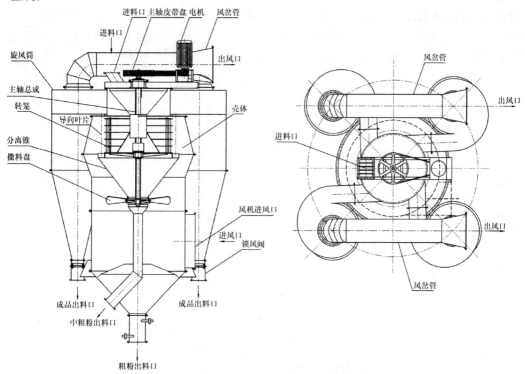

图 2-13　T-Sepax 三分离选粉机示意图

工作原理：在工作状态下，调速电机通过传动装置带动立式传动轴传动，物料通过设在选粉机顶部的进料口进入选粉室内，再通过设在中粗粉收集锥的上下两锥体间的管道落在撒料盘上，撒料盘随立式传动轴转动，物料在惯性离心力的作用下，向四周均匀撒出，分散的物料在外接风机通过进风口进入选粉室的高速气流作用下，物料中的粗颗粒（$d>150\mu m$）受到惯性离心力的作用被甩向选粉室的内壁面。碰撞后失去动能沿壁面滑下，落到粗粉收集锥中，其余的颗粒被旋转上升的气流卷起，经过大风叶的作业区时，在大风叶的撞击下，又有一部分粗粉颗粒被抛到选粉室内壁面，碰撞后失去动能沿壁面滑下，落到粗粉收集锥中。中粗粉和细粉通过大风叶后，在上升气流的作用下，继续上升穿过立式导向叶片进入二级选粉区。含尘气流在旋转的笼形转子形成的强烈而稳定的平面涡流作用下，使中粗粉在离心力（$60\mu m < d < 150\mu m$）的作用下被抛向立式导向叶片后失去动能，落到中粗粉收集锥中，通过中粗粉管排出。符合要求的细粉（$d < 60\mu m$）穿过笼形转子进入其内部，随循环风进入高效低阻型旋风分离器中，随后滑落到细粉收集锥内成为成品。

T-Sepax 三分离选粉机的主要特点：①采用二级分选、三级分散，可将物料"一分为三"；②排除粗细粉干扰，选粉效率达 80% 以上；③允许选粉风量、喂料量在较大范围内变化而不影响选粉效率；④设备阻力显著减小，流场内气流相对误差 < 5%。

2.22　高分散型涡流选粉机构造、工作原理及特点

高分散型涡流选粉机是盐城一家公司在吸收国内外选粉机技术的基础上、改进的新型选粉设备，该设备结构改用侧面进料、下部进风，整合了平面涡流分级、重力沉降分级、离心沉降分级的方式，使该设备分级效率高、调节方便、简化系统配置、节能效果显著。其结构如图 2-14 所示。主要由壳体、主轴、导向叶片、分离锥、清洗装置及安装在主轴上的撒料盘一、撒料盘二、笼形转子及清洗装置组成。

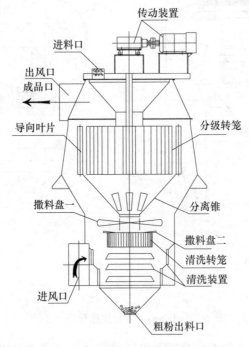

图 2-14　高分散型涡流选粉机示意图

（1）工作原理

① 分散部分：来自磨机的粉料通过进料管道直接撒在螺旋桨型撒料盘一上，被高速旋转撒料盘一抛出，进入分散区，第一次被分散，进行首次分级；经过第一次分级后的物料随气流通过折弯型导向叶片，进入笼形转子与导向叶片之间，物料被第二次分级，较粗的物料经过分离锥送至撒料盘二和清洗转笼中被再次分散。

② 分级部分：机体内形成了上、下两个分级区。在下分级区，物料落到旋转的撒

料盘上，受到惯性离心力的作用，甩向机壳的周壁，在旋转气流的作用下，较粗大的颗粒撞到壳壁，失去动能，沿着壁面滑下，作为粗粉经粗粉出口排出。较细颗粒随风向上，产生分级。细料随风向上，由于筒体截面扩大，风速降低，有些较大颗粒改变方向而下沉，形成再次分级。在上分级区，设置了折弯型导向叶片与笼形转子组成的涡流分级区，使得分级区表面气体流场均匀而稳定，同一立面任何一处的气流速度相对误差<3％，为精确分级创造了条件。气流带着经下分级区分级后的粉体进入折弯型导流板与转笼之间，笼型分级转子以一定速度旋转产生稳定的旋转空气流场，使粉体受到旋转气流的作用，在离心力的作用下实现粉体分级。

③ 收集部分：成品收集由粉磨系统独立设置袋式收尘器来收集。

（2）技术特点

与 O-Sepa 相比，高分散型涡流选粉机具有以下特点：

① 进风口由侧部改成下部，进风方式为下部侧面进风，一是使分散区域与选粉区域有效分开，避免了在分级过程中的粗、细颗粒间的相互干扰，改善了少量粗粉被吹进成品的缺陷，缩小成品的粒径分布范围，形成了下分级区，减轻了主分级区域的负荷；二是提高了撒料盘下方的物料吹散风速，增大了分散空间，大大提高进料的分散度。改善了侧进风产生的分级区风力分布不均匀的现象，减小了风的阻力；三是新增的清洗装置使粗粉中的细粉有效分离出来，实现了多级分离。

② 细度控制更为便捷。选粉机主轴仍然采用无级调速控制，改变主轴转速和风机风量，但由于采用折弯型导向叶片和转笼整流装置，使细度调节更为方便。

③ 由于取消水平蜗壳设计，彻底消除了水平蜗壳积料现象。

④ 由于采用新型导向叶片和整流转笼，大幅提高了选粉效率，该设备的 $45\mu m$ 水泥选粉效率可达到 85％以上。

⑤ 改善了成品质量。成品比表面积可达 400 m^2/kg 以上，$45\mu m$ 筛余<5％。

2.23　选粉机工作原理比较

选粉机的工作过程主要包括分散、分级、分离三个组成部分。

分散是颗粒分级的首要条件，很难想象分散效果不好的选粉机会有很好的分级效果。例如离心式和旋风式选粉机的分散装置都是采用机械撒料盘结构，依靠机械的方法将物料抛入分级区。在进入分级区前，颗粒同气体不接触，气固交换很少，因此，颗粒的分散效果不佳，通常其分离效率在 30％～50％之间。也就是说进入分级区的物料约有 30％～50％的部分未经分级就直接回到粗料斗（仓），这说明分级效果受到了很大的影响。

分级是选粉机工作的主要阶段，正确的分级理论将导致良好的分级效果。离心式选粉机是利用离心空气分级理论，是依靠大风叶形成的竖向循环风自上而下与物料接触产生颗粒的分级方法，大颗粒物料的沉降速度大于断面风速从而抛向筒壁滑落至粗料仓（斗），小颗粒物料随气流一起进入外部空间被收集来作为成品，从而实现颗粒分级的全过程。旋风式选粉机是利用旋风空气分级理论，竖向循环由风机产生，相对来说其风量较大，成品细度调节较方便，气固分离采用外部旋风筒，提高了收集效率，使整机选粉效率有所提高。O-Sepa 选粉机较前两代离心式、旋风式选粉机在分级理论上有所突破，它采用的是平面涡流分级理论。待分级的物料颗粒处于平面涡流场中，颗粒受力的大小、方向一致，分级效率均等，颗粒间无干扰。同时，细粉的收集采用组合式袋式收集系统，分离效率高。因此，O-Sepa 选粉机分级效率较高。

分离是分级的继续，只有把细粉完全从气流中分离出来，才能达到良好的分级效果。离心式选粉机靠颗粒重力沉降实现气固分离，旋风式选粉机靠离心力实现气固分离，O-Sepa 选粉机通常在选粉机后装有布袋过滤分离设备，实现气固分离。

2.24 V 型选粉机的构造和工作原理

V 型选粉机的结构如图 2-15 所示。其内部结构可分为布风区、分散区、分级区和出风区 4 个区域。主要由壳体、打散导流板、分级板、多孔板和衬板等组成。壳体由上壳体、中壳体、下壳体、中间隔板、圆钢等组成，上、中、下壳体均为钢板焊接件，之间由螺栓连接。

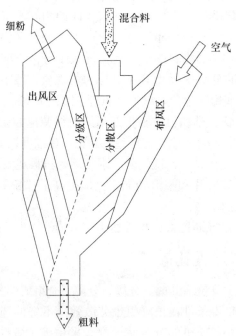

图 2-15 V 型选粉机的结构

工作原理：物料从 V 型选粉机上方入口进入，在重力的作用下，进入分散区，不断地与选粉机内部的梯形导流打散板撞击而松散。松散的物料在气流作用下，经过分级区，其大小颗粒出现了分级，细颗粒随风又进入分离器进行气固分离后被收集或进入高效选粉机再次分选被收集；粗颗粒送入磨机继续被粉磨。

（1）布风区

通过设计合理的气流通道和安装多孔板，使得进入到分散区的气流分布均匀。如果气体流速分布不均匀，就可能出现粗颗粒被单独随高速气流带出的问题，细颗粒则不能被单独选出，使得整机设备的分级性能降低。

（2）分散区

经由一组分布打散板进入分级机的混合物料，在下落过程中撞击到分布板上，从而散落开来，细颗粒随气流被带入分级区，粗颗粒和没有分散开来的物料继续下落，被多次分散和分离。最后，不能被气流带走的粗颗粒由出口排出。

（3）分级区

由一组大倾角的分级板组成，随气流进入分级区的颗粒，在重力的作用下自由沉降，颗粒的自由沉降速度与颗粒的大小有关。在通过分级区前，沉降到分级板上的颗粒，沿分级板下滑到分散区，作为粗颗粒排出，细粉则随气流带出。

（4）出风区

通过分级区的气流，必须保持一定的风速，才能使气流中的细颗粒被带走。出风区为渐缩结构，风速逐渐增大，达到输送物料的目的。

其中，分级区内的气流速度是控制分级粒度的关键，稳定的气流分布是获得高效分级的前提。分级区内的气流速度只能是各分级板间的最高流速，在分级粒度确定的情况下，其最高流速是确定的。当气流分布不均匀时，分级区的通风量必然下降，造成部分的合格颗粒由于风速降低而不能被分离出来，因此设备的分级效率降低。

2.25　V 型选粉机的特点

V 型静态选粉机根据静态两项流折流原理设计而成，是一种不带动力的打散分级设备，分级过程是气体在作 90°折向流动过程中进行的，设备压损较小，所需空气量少，料气比可达到 $4\sim5kg/m^3$。该设备的主要特点为：

（1）结构简单，无运动部件，也无需任何动力，不需配置诸如润滑、冷却等传统辅助设备，大大降低了维修工作量，检修方便、使用可靠；

（2）对辊压后的物料和新喂入的物料适应性强，打散能力强，分选效率高，可以将物料中一定粒度的细粉有效选出，大大提高了系统粉磨能力，降低了粉磨能耗，同时十分有利于辊压机的操作和运行；

（3）半成品粒度调节灵活。通过对通风量调节，可以灵活调节半成品粒度；

（4）V 型静态选粉机基本不受规格限制，而且无论规格大小，设备运转都相当平稳，具有非常好的实用性；

（5）结构紧凑，电耗低。

V 型静态选粉机广泛用于带辊压机的联合水泥粉磨系统、半终粉磨系统和终粉磨系统中。分级区内的气流速度是控制分级粒度的关键，稳定的气流分布是获得高效分级的前提。分级区内的气流速度只能是各分级板间的最高流速，在分级粒度确定的情况下，其最高流速是确定的。当气流分布不均匀时，分级机的通风量必然下降，造成部分合格的颗粒由于风速降低而不能被分离出来，从而导致设备的分级效率降低。

2.26　VSK 型动态选粉机的构造和工作原理

VSK 型动态选粉机是德国 KHD（洪堡）公司在 V 型静态选粉机的基础上开发出的一种动、静态结合的选粉机。VSK 型动态选粉机增加了动态的笼型分级转子，改变了 V 型静态选粉机（图 2-16）只能进行粗选的限制，可直接进行终产品分选。与一般高效选粉机相比，既不失高效的特点，分级结构又很简单；设备阻力低，压降只有一般高效选粉机的 65％，可使系统风机节电，设备的部件磨损小，维护也比较方便。

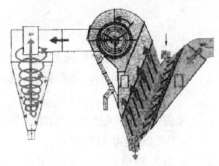

图 2-16　VSK 型选粉机示意图

　　VSK 型动态选粉机水平支承的笼形转子布置在原 V 型选粉机出风管处的内部，V型选粉机和笼形转子之间空气和物料的接触产生了较低的压损和磨损。VSK 型选粉机的功能包括：分选、打散和烘干，具有低压损和高效率的特点。不仅适用于辊压机流程，而且适用于其他流程。VSK 型选粉机的主要技术特点包括：高效选粉能力，选粉效率可达 85％；笼形转子的能耗较低；系统风机能耗低，VSK 型动态选粉机空气阻力是标准高效选粉机的 65％，VSK 型动态选粉机的工作效率很高，系统风机可节能45％；产品质量稳定。

2.27　双传动双转笼分级机结构及工作原理

　　双传动双转笼分级机如图 2-17 所示（预粉磨系统专用），在工作状态下，调速电机通过传动装置带动立式传动轴转动，高料气比的含尘气体从下部的进料口进入粗粉选粉机，首先将≥0.2mm 的粗颗粒分选出来，返回称重仓。0～0.2mm 的粉料在气流作用下继续上升，到达上部的超细粉选粉机中。含尘气流在旋转笼形转子形成的强烈而稳定的平面涡流作用下，使 0.03～0.2mm 的粗粉在离心力的作用下被抛向立式导向叶片后失去动能，落到中粗粉收集锥中，通过中粗粉管排出送入球磨机中。符合要求的细粉穿过笼形转子进入其内部，进入旋风筒进行气固分离，分离出的细粉由粉料口排出，进入成品系统中较为干净的空气经出风管进入风机循环使用。

　　与传统的选粉机相比，双传动双转笼分级机具有以下特点：

　　（1）将物料"一分为三"，即"粗粉（>200μm）、中粗粉（200μm<d<30μm）和细粉（<30μm）"，一、二级分级区域预分离出混合粉中的粗颗粒及粗粉，排除了粗颗粒的干扰，因此，分级精度高，选粉效率达 80％以上。

　　（2）双传动双转笼分级机合理的结构，允许选粉风量、产量和喂料量在较大范围内变化而不影响选粉效率，性能稳定。由于采用双传动，物料的细度可以任意调节，粗粉（>200μm）调节更加准确。

　　（3）选粉机转子内装有涡流整流器，转子内的气流相对转子只上升不旋转，因而分级圈表面气体流场均匀稳定，任何一处的气流相对误差均<5％。利用气流进入转子后，因动量矩减小了对转子的推动力，节省驱动功率且减少磨损。

　　（4）选粉机采用无级调速，细度调节方便，灵敏可靠，且调节范围宽。

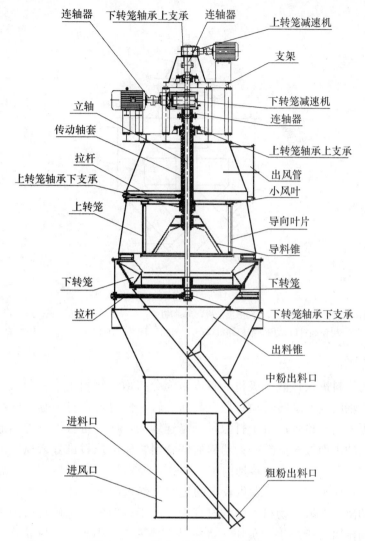

图 2-17　双传动双转笼分级机示意图

（5）适用于水泥半终粉磨系统中辊压机（立磨）的闭路分级配套设备。

（6）粗粉管、中粗粉管和细粉管均采用双道锁风阀，大大降低了系统漏风率。

选粉设备只有与系统工艺达到最佳匹配时，才能取得良好的节能增产效果。通过工程设计和生产实践，由 V 型选粉机和双传动双转笼分级机组成的分级系统，应用于辊压机（立磨）半终粉磨工艺，无论是在工程设计还是在生产改造方面，都充分体现了优质、高产、低消耗的先进设计理念。

2.28　打散分级机构造、工作原理及特点

打散分级机（预粉磨系统专用）结构如图 2-18 所示，主要由主轴、进料口、打散盘、挡料锥、风轮、内锥壳体、外锥壳体等组成。主轴通过轴套固定在外锥壳体的顶部盖板上，并由外加动力驱动旋转，利用上述主轴依次吊挂起打散盘和风轮，在打散盘和风轮之间的位置还通过外锥壳体固定有挡料锥等；另外，还有反击板、热风入口

和出风口等。

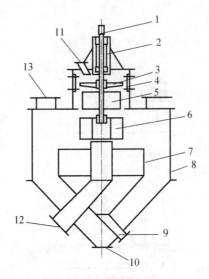

图 2-18　打散分级机结构图

1—主轴；2—轴套；3—打散盘；4—反击板；5—挡料锥；6—风轮；7—内锥壳体；8—外锥壳体；
9—粗粉卸料口；10—细粉卸料口；11—进料口；12—热风入口；13—出风口

（1）工作原理

挤压过的物料进入打散分级机后首先被充分打散，物料由进料口喂入，落在打散盘上，由于主轴的高速旋转带动打散盘高速旋转，使得落在打散盘上的物料高速飞出撞击到反击板上而被粉碎；由于打散过程是连续的，从反击板上反弹回的物料受到后续物料的再次冲击而被充分粉碎；粉碎后的物料，经由挡料锥导入风轮的风力选粉区内，粗粉运动状态改变较小，落到内锥壳体内，经由粗粉卸料口卸出；而细粉运动状态改变较大，在风力作用下，发生较大的偏移，落入内锥壳体与外锥壳体之间，经由细粉卸料口卸出。在散状物料下落的过程中，由于风轮的高速旋转所产生的负压和出风口后所接的排风机所产生的负压，将热风由热风入口引入，经风轮吹向四周，风轮周围散装物料在悬浮状态中得以烘干，烘干效果较好。

（2）主要技术特点

① 传动系统：打散分级机的传动方式采用的是双传动系统，即打散系统与分级系统分别驱动，满足了打散物料和分级物料需消耗不同能量和不同转速的要求；分级系统采用了调速电机驱动，能够方便地调节风轮的转速，从而实现分级不同料径物料的要求。另外，可较方便地调节进球磨和回辊压机的物料量，对生产系统的平衡控制有重要意义；

② 分级方式：具有较高的粗颗粒回收率，保证入球磨的平均粒径小于 2mm，几乎没有大于 5mm 的颗粒。打散分级机利用风轮的高速旋转产生的向四周辐射的旋转风力场将物料分级。当不同粒径的物料从风轮的四周落下时，由于风轮产生的风力作用，细小颗粒在下落过程中，发生较大的偏移，落入外锥之中，从而实现了分级的目的。实验证明用此方法来分选以 2～3mm 为切割粒径的物料是很经济实用的，并且具有单位时间处理量大的特点。另外，风轮与物料之间无直接接触，所以，风轮的磨损小，

使用寿命长。由于采用了调速系统，便于生产系统的平衡控制；

③ 具有增产节能的效果：使用配打散分级机的挤压联合粉磨工艺，可使原球磨系统增产100%～200%，节电30%以上，研磨体消耗降低60%以上；

④ 在工艺布局紧凑和节约土建投资方面达到了很好的效果；

⑤ 由于新喂入的物料粒径较大，辊压后的物料中也含有较大的粗颗粒，对设备磨损比较严重，导致打散盘锤头1～2个月就需更换一次。运转率低，运行成本高，检修不方便，影响了整个系统的运行；

⑥ 在实际运行中，打散分级机分选效率低，导致辊压机循环料中细粉含量多，而入磨物料又含有大颗粒物料，容易引起辊压机的振动和偏辊现象，不利于辊压机的长期平稳运转，且造成系统的能量浪费。对于较大规模的粉磨系统，打散分级机在单机能力上受限较大，因为能力增大，导致打散盘和主轴直径增大，而直径越大，则越难以保证打散盘的平稳和设备的稳定运行；

⑦ 打散分级机设备本身通常存在一个固有缺陷：在打散料饼时往往会使部分粗颗粒飞溅到分级筛的筛下，这样就造成了粗颗粒进入到混合料中。粗颗粒特别是由于辊压机边际效应产生的粗颗粒的进入，直接影响磨机台产的提高，尤其会对使用料库储存混合料的工艺线形成致命影响。

打散分级机与辊压机构成闭路，可消除因未被充分挤压的物料及边缘漏料对后续球磨系统产生的不良影响，进一步优化粉磨系统工艺，从而获得大幅度增产节能的效果。

2.29 打散分级机和 V 型选粉机的比较

两种分级系统的主要区别在于：

(1) 分级原理、分级精度："V 型选粉机"完全靠风力提升分选，分级精度较高。适合分选0.5mm以下粒径的物料；"打散分级机"依靠机械与风力结合，分级精度较低，分选粒径可达3.0mm；

(2) 分级系统的装机功率、复杂程度和日常维护费用："V 型选粉机"设备本身结构简单，无回转部件，但系统复杂。磨损主要集中在隔板、管道、旋风筒、循环风机等；"打散分级机"有回转部件，设备结构相对复杂，但系统简单。磨损主要是内部的风轮、打散盘、衬板等；

(3) 系统电耗："V 型选粉机"系统辊压机和球磨机主机电耗低，输送和分选电耗高；"打散分级机"辊压机和球磨机电耗略高，输送和分选电耗低。分选0.5mm以下物料时，"V 型分级机"系统占优，反之，"打散分级机"占优；

(4) 对辊压机工艺参数的要求："V 型分级机"系统必须采用低压大循环操作方式，否则料饼无法打散，更无法选出料饼中挤压好的细粉，要求辊压机磨辊长径比大。"打散分级机"可以采用高压力小循环操作方式，磨辊长径比应小一些。

两种分级系统的选择条件比较：

(1) 装机功率比："V 型分级机"系统中辊压机规格必须足够大，以保证产生足够量的0.5mm以下的细粉供"V 型选粉机"分选。因此，辊压机与球磨机装机功率比应该为1:1.0～2.5（开路），1:1.0～2.0（闭路）。

"打散分级机"系统中，辊压机与球磨机装机功率比在 $1 : 2.5 \sim 3.5$。若比值再加大，随着辊压机在粉磨系统中所起作用的降低，系统电耗随之增加。

（2）物料水分：应用于水泥粉磨的"V 型分级机"系统，水分≤1.0%；"打散分级机"系统，水分≤15%，如配料中有高水分原料（如矿渣），则应单独烘干，不允许在粉磨系统中通热风，以防石膏脱水。

2.30　立磨选粉机结构及工作原理

立磨选粉机是立磨系统的一个重要组成部分。它的性能与立磨性能相互关联。高效率、分级精确的立磨选粉机一方面使回料中细粉料大幅度减少，有利于磨盘料层的稳定操作；另一方面，其处理能力大，有利于产量的提高。同时选粉机选出的产品颗粒级配更加合理，提高了产品的质量，分选效果好，降低了磨内的循环负荷，提高了磨机产量。

目前立磨选粉机多采用第三代涡流空气笼形转子选粉机。选粉机的主要发展方向和趋势是要求处理量大、分级效率高、造成分级的各种因素合理且均匀稳定、产品细度调整方便、结构简单、体积小。

图 2-19 为立磨笼形转子选粉机的示意图，由导流圈、分级室、转子、主轴、导风叶片以及密封装置等组成。导料装置由导料导流圈、导料锥和导料管组成。

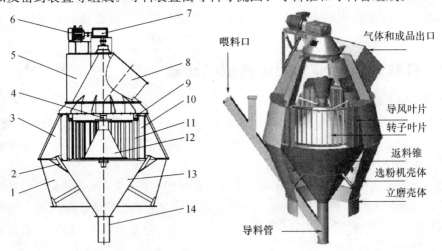

图 2-19　立磨选粉机结构示意图

1—下壳体；2—导流圈；3—分级室壳体；4—主轴；5—上壳体；6—电机；7—减速器；8—出风口；
9—动态密封圈；10—导风叶片；11—转子叶片；12—笼形转子；13—返料锥；14—导料管

选粉机工作时，电机通过减速器带动转笼旋转，被喷口环吹起的物料在气流的带动下进入到转笼，在高速旋转笼的笼布导风旋转下，产生一定的离心力，粒径较粗的物料颗粒无法进入转笼，被甩向导风叶片内面从而失去动量，在重力作用下，该粗颗粒经返料锥返回到磨盘重新被粉磨。细颗粒物料由于受到的曳力大于所受到的离心力，因而能够进入转笼，后经细粉出口排出，被收尘器收集为成品。

第3章 选粉机的选型及主要参数

3.1 粉磨系统采用选粉机的优点

粉磨系统采用选粉机，也就是采用了闭路粉磨流程，相对开路粉磨流程具有如下优点：（1）能将合格产品及时选出，避免了过粉磨现象，有效地提高了粉磨效率，磨机产量得到了增加，产品单位电耗降低；（2）成品细度得到保障，即使喂料有波动，成品细度的波动也很小；（3）对易磨性相差很大的几个组分组成的物料粉磨更有利，易磨性差的物料重新入磨，易磨性好的物料及时排出。产品细度要求越细，采用选粉机生产的意义越突出，开流生产高细产品时，产量陡降。而闭流生产虽有降低，但幅度较小。产品细度调节十分灵活，同一台磨机可生产多品种、多强度等级水泥而不必重新对研磨体进行级配。

3.2 选粉机选型基本原则

选粉机选型应当遵循的基本原则如下：

（1）生产能力：选粉机的生产能力是指选粉机本身处理物料的能力。不能盲目认为生产能力越高越好，否则系统中各设备生产能力不平衡，辅助设备供应能力跟不上，不仅不能发挥全部效率，反而造成损失。这是因为生产能力高的设备，一般投资多、能耗大、维护复杂，平均单位产品的成本就会增高。因此生产能力应与粉磨设备相匹配。如果选粉机生产能力满足不了系统产量要求，则将影响系统生产能力的发挥。

（2）工艺性：选粉机满足生产工艺要求的能力叫工艺性，选粉机最基本的一条选型原则是符合产品工艺的技术要求，主要是成品细度，要确定在一定的成品粒度要求时的工艺参数，例如对于水泥，选定的工艺参数要满足比表面积的需要。另外，设备操作应轻便、控制灵活。

（3）可靠性：选粉机不仅要求其有合适的生产能力和满意的工艺特性，而且要求其不易发生故障，可靠性也就是在工作条件和工作时间相同的情况下故障的发生率低。

（4）维修性：维修性是指通过修理和维护保养手段，来预防和排除系统、设备、零件、部件等故障的难易程度。在正常条件下顺利完成维修既要容易，又要方便。

（5）经济性：选择选粉机时的经济性要求为最初投资少，生产效率高，耐久性长，能耗及原材料消耗少，维修和管理费用少，节省劳动力等。

（6）安全性：安全性是指设备对生产安全的保障性能，设备应具有必要、可靠的安全防护设施，避免造成人身事故和经济损失。

（7）环境保护性：环境保护性是指设备的噪声和排放的有害物质对环境污染的程度。环境保护越来越受到人们的重视。因此，在选择设备时，要尽量选择把噪声和排放的有害物质控制在保护人体健康和环境保护的标准范围之内的设备。

3.3 选粉机科学选型与粉磨系统的节能降耗

很多企业在认识上存在一个误区：认为将开路粉磨系统改为闭路粉磨系统，仅加一台选粉机就能实现节能降耗。事实上，要想节能降耗，必须充分利用现有的成熟技术对粉磨系统进行综合的技术改造，因此，在选粉机选型时应充分考虑如下几个问题：

（1）稳定适宜的通风量。由于将开路系统改为闭路系统，原有的通风及除尘系统没有改造，不能满足磨机产量提高的要求，只有根据系统要求，通过加大通风及除尘系统的能力来满足改造要求。

（2）开路系统改为闭路系统后，磨机内部结构要进行优化调整。应尽量减小通风阻力，以满足处理风量急剧增大的要求，如加大隔仓板的开孔率、算孔的大小；根据磨机的有效长度结合物料的特性，合理调整磨机的仓位尺寸（隔仓板位置）；另可采用分级衬板、筛分装置、活化装置、研磨体防窜装置等。

（3）调整研磨体装载量和级配，在一定的粉磨条件下，被粉磨物料的特性如硬度、粒度、易磨性等对粉磨电耗有着重要影响，合理的球径、适宜的填充率将直接影响粉磨效率。因此根据入磨物料的特性，通过调整研磨体装载量和级配，调节出磨物料细度，以获得最佳粉磨效果，保证合适的循环负荷，为稳定系统产量和质量创造必要的条件。选择恰当的平均球径，最大限度缩小中碎仓和细磨仓的研磨体直径。在此基础上适当提高磨机的装载量。

（4）附属设备的输送不能满足磨机产量提高后的输送要求，制约磨机产量的潜力发挥和挖掘。应从系统考虑，综合测算各附属设备的能力，及时改造。

（5）应考虑选用结构先进、运行可靠的高效选粉机。按传统的选粉机设备选型规范要求选择的选粉机，不能满足磨机综合改造后台时产量提高的要求，制约磨机产量的进一步提高。在选型时，应考虑选用处理能力提高一档的选粉机来满足粉磨系统综合改造的要求。

（6）合适的喂料量。合适的喂料量可以通过实验确定，以磨机产量和喂料量作图，可以找出对应最大产量的喂料量。

3.4 选用高效选粉机应考虑的因素

应用选粉机能降低能耗、提高水泥产量、有利水泥性能。然而，有些厂家由于延用老式选粉机的圈流粉磨系统，生产效果不佳，以新型高效选粉机替代改造后仍然达不到预期效果，高效选粉机使用必须在适宜的条件下才能发挥其优点。采用高效选粉机改造应考虑以下几个方面：

（1）选粉机并非粉磨设备，它不能增加物料的比表面积。高效选粉机主要是解决生产运行中的不合理现象，如因选粉机型号小造成粉磨系统的瓶颈，或磨内产生包球现象时，可以采用高效选粉机以减少细粉循环来解决问题。

（2）确定是否有必要选用高效选粉机，改造后粉磨系统整体性能的提高程度取决于原有老式选粉机的性能。如果原有老式选粉机性能已经很好，那么以新型高效选粉机代替则收效不大。因此不同厂家在采用高效选粉机改造后收效差异很大。

（3）在确定选用新的设备前，对原有选粉机和圈流磨系统进行综合评价。在对粉磨系统进行评价和优化时，先对原有选粉机性能进行评价，决定是否改造。评价选粉机性能常用的方法是 Tromp 曲线法。首先，要取得真正有代表性的样品。然后对磨机出料、选粉回料和产品进行粒度分析，得到回料、产品各个粒级范围的分级回收率。理想情况下这两个值之和为 100%。最后，对产品各粒级的分级回收率进行修正，并将其画在 Tromp 曲线上。旁路值越小，选粉性能越好。如果旁路值大（50%～60%），即使原选粉机和磨路匹配良好，改用高效选粉机也极有益。相反地，如果旁路值只有 10%～20%，安装高效选粉机对系统的性能不会有显著提高。

（4）在实际选型时，必须搞清成品细度和分离粒径之间的关系。由于分离粒径与比表面积有相应的关系，因此可从分析分离粒度着手。通常生料成品用 $R_{80}\mu m\%$，水泥用 $R_{45}\mu m\%$、比表面积来表示。要指出的是，水泥比表面积 320m²/kg 时，$R_{80}\mu m\%$ 已小于 1%，因此以 $R_{80}\mu m\%$ 来评价成品细度已无意义，如计算细度的话可用 $R_{45}\mu m\%$。

（5）确定选用高效选粉机后，必须对原有粉磨系统进行整体调整和改造（见本章 3.3 节）。

3.5 粗粉分离器的最小分级粒径

在粗粉分离器通过式选粉机中存在两个分离区，一个是在内外壳之间的粗选粉区，颗粒主要是在重力作用下沉降，分出最小粒径；另一个是在内壳中的细选粉区，颗粒是在惯性离心力作用下沉降，作进一步分级。当颗粒作离心沉降的离心速度与气流向心方向流速在数值上相等时，这时的颗粒粒径就是最小分级粒径，可用式（3-1）估算。

$$d_p = \frac{3\zeta \rho r}{4(\rho_p - \rho)}\cot^2\alpha \tag{3-1}$$

式中 r——气流旋转半径，m；

       α——叶片的径向夹角，°；

       ζ——阻力系数，无因次 $\zeta = \frac{8}{\pi}f(Re_p)$、$Re_p = \frac{d_p u \rho}{\mu}$；$Re_p$ 为颗粒雷诺数，u 为颗粒沉降速度，m/s，μ 为流体的黏度，Pa·s；

       ρ_p，ρ——分别为颗粒物料及流体介质的密度，kg/m³。

从式（3-1）可知，分级界限尺寸（即最小分级粒径）与选粉机的直径、气流速度和叶片的导向角度有关。最小分级粒径随设备直径和风速的增大而增大，随叶片角度的增大而变小。

3.6 粗粉分离器的产量或规格怎样确定

影响粗粉分离器生产能力的因素较多，其产量或规格可用式（3-2）计算：

$$V = KQ \tag{3-2}$$

式中 V——选粉机容积，m³；

       Q——处理风量，m³/s；

K——系数，按表 3-1 取值。

表 3-1 系数 K 与筛余关系

0.08mm 方孔筛筛余/%	4～6	6～15	19～28	28～40
K	1.8	1.44	1.03	0.8

根据求出的选粉机容积，由表 3-2 确定选粉机直径。

表 3-2 粗粉分离器的直径和容积

直径/mm	2250	2500	2850	3420	4000
容积/m³	4.2	5.5	8.4	14.3	22.0

3.7 离心式选粉机的分级粒径

在离心式选粉机内颗粒重力的影响可略去不计。由于撒料盘的旋转作用，颗粒在水平方向所受到的剩余惯性离心力为：

$$F_{c0} = \frac{\pi d_p^3 (\rho_p - \rho) v_p^2}{6r} \tag{3-3}$$

式中　v_p——撒料盘边的颗粒圆周速度，m/s；

　　　r——撒料盘半径，m；

　　　d_p——颗粒粒径，m；

　　　ρ_p，ρ——同式 3-1。

在垂直方向上，气流对颗粒的作用力为：

$$R = \zeta \frac{\pi}{4} d_p^2 \rho \frac{u_f^2}{2} \tag{3-4}$$

式中　u_f——流体向上流速，m/s；

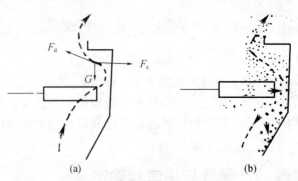

图 3-1 颗粒在选粉机内的运动

（a）颗粒受力情况；（b）颗粒运动情况

合力方向决定颗粒走向，如图 3-2 所示，可得，垂直方向上气流对颗粒的作用力（R）与水平方向上颗粒受到的剩余惯性力（F_{c0}），关系见式（3-5）。

$$R/F_{c0} = \mathrm{tg}\alpha \tag{3-5}$$

当颗粒的运动走向角为 α 时，颗粒刚能飞出内壳筒口边，这种颗粒的粒径 d_p，即为颗粒分级界限尺寸。从式（3-3）～式（3-5）可解得：

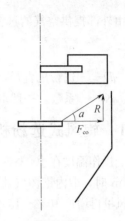

$$d_p = \frac{3\zeta\rho r u_f^2}{4(\rho_p - \rho)v_p^2} \qquad (3\text{-}6)$$

对于一定的选粉机处理一定物料时，式（3-6）尚可简化为：

$$d_p = k\zeta u_f^2/rn^2 \qquad (3\text{-}7)$$

式中　n——主轴转速，r/min；

　　　k——常数。其余符号意义同前。

图 3-2　粉料在选粉机内的分级

式（3-6）及式（3-7）为离心式选粉机的分级界限公式。大于 d_p 的颗粒将碰撞于内壳的内壁或挡风板上面，在内壳空间降落，作为粗粉排出。小于 d_p 的颗粒则被气流带出，经大风叶进入内外壳之间的环形空间，在重力作用下沉降，成为细粉排出。因此，分级界限尺寸一定程度上也反映了产品细度。显然，分级界限尺寸增大，则产品变粗；反之，产品则变细。

3.8　离心式选粉机的产量或规格怎样确定

影响选粉机生产能力的因素较多，例如选粉机的结构尺寸、转速、物料性质和产品细度等。离心式选粉机产量公式计算：

$$Q = KD^{2.65} \qquad (3\text{-}8)$$

式中　Q——生产能力，t/h；

　　　D——选粉机外壳直径，m；

　　　K——系数，与物料的性质、产品细度及选粉效率有关。对于水泥生料，当选粉效率为 70%～80%，产品在 0.08mm 方孔筛上的筛余为 6%～8% 时，$K=$ 0.85；对于 32.5 级水泥，当选粉效率为 50%～60%、筛余为 5%～8% 时，$K=0.56$；对于 42.5 级水泥，筛余为 2%～5%；$K=0.42$。

3.9　离心式选粉机的主轴转速

离心式选粉机的主轴转速，影响到循环风量的改变及选粉区气流上升速度，从而影响到选粉机的生产能力、功率和选粉效率。一般离心式选粉机的主轴转速 n 和直径 D 的乘积，在 600～900m·r/min 范围，即：

$$nD = 600 \sim 900\text{m} \cdot \text{r/min} \qquad (3\text{-}9)$$

选粉机直径愈大，所取离心式选粉机的转速与直径乘积值也愈大。

3.10　离心式选粉机所需功率

选粉机所需的功率决定于喂入物料的质量、循环负荷和要求的成品细度，这也适用于由外部提供空气的选粉机。离心式选粉机的功率，可按下列经验公式计算：

$$N=KD^{2.4}(kW) \tag{3-10}$$

式中　D——选粉机直径，m；

　　　K——系数，一般取 1.58。

3.11　旋风式选粉机的风量怎样计算

当操作温度在 100℃左右，成品采用 0.08mm 筛筛余细度为 6%～8%，选粉浓度为 500g/m³ 时，取内锥体气流上升风速 $u=3.4～4.0$m/s，计算循环风量。在选择风机时，按此风量再增加 10%～15% 储备量后进行风机选型。风机的风压一般选铭牌 2.4～2.8kPa 即可。

旋风式选粉机的风量计算式

$$Q=\frac{\pi}{4}D^2u\times3600 \tag{3-11}$$

式中　D——选粉室直径，m；

　　　u——选粉室内气流假想上升速度，m/s。

【例】计算 ϕ2.5m 旋风式选粉机的风量，已知：$u=3.7$m/s（取平均值），$D=2.5$m。

【解】
$$Q=\frac{\pi}{4}D^2u\times3600$$

$$=\frac{3.1416}{4}\times4^2\times3.7\times3600$$

$$=167384 （m^3/h）$$

增加 10% 储备风量，可得：

$$167384\times1.1=184122(m^3/h)$$

3.12　旋风式选粉机的主轴转速

旋风式选粉机的主轴转速可按式（3-10）来估算：

$$nD=300～550 \tag{3-12}$$

式中　n——选粉机主轴转速，r/min；

　　　D——选粉机直径 m。选粉机直径愈大，所取 nD 值也应愈大。对于直径 3.5m 以上的选粉机，nD 值宜取 550m·r/min 左右。

【例】计算 ϕ3.5m 旋风式选粉机的主轴转速。

【解】$nD=550$

$$n=550/3.5=157 （r/min）$$

3.13　旋风式选粉机的产量或规格怎样确定

实践表明，旋风式选粉机的生产能力与选粉室面积大小成正比例。其生产能力可用下列公式来计算：

$$Q=KD^2 \tag{3-13}$$

式中 Q——旋风式选粉机生产能力，t/h；

D——选粉室直径，m；

K——系数，对生产 42.5 水泥时，K 取 $4.7 \sim 5.5$；对于要求控制 0.08mm 方孔
筛余为 8% 的水泥生料时，K 取 $6.7 \sim 7.5$。

【例】$\phi 4m$ 旋风式选粉机，生产水泥时，设计台时产量为多少？

【解】生产水泥时：

$$Q=KD^2=5.1 \times 4^2=81.6(\text{t/h})$$

3.14 O-Sepa 选粉机的产量或规格怎样确定

O-Sepa 选粉机的产量或规格可用以下两种方法确定。

(1) 按喂料浓度计算：

$$N_1=\frac{G_m(L+1)}{60C_a}(\text{m}^3/\text{min}) \tag{3-14}$$

式中 N_1——按喂料浓度计算的 O-Sepa 选粉机的规格，m^3/min；

G_m——水泥磨的产量，kg/h；

L——O-Sepa 选粉机的循环负荷，合适范围 $150\% \sim 200\%$，在确定选粉机规格
时可取 200%；

C_a——最大喂料浓度，$C_a=2.5\text{kg/m}^3$。

(2) 按选粉浓度计算（选粉浓度又可称为成品浓度，即单位风量选出的成品量）：

$$N_2=\frac{G_m}{60C_f} \quad (\text{m}^3/\text{min}) \tag{3-15}$$

式中 N_2——按选粉浓度计算的 O-Sepa 选粉机的规格，m^3/min；

C_f——O-Sepa 选粉机的选粉浓度，C_f 在 $0.75 \sim 0.85\text{kg/m}^3$，选型时可按
0.8kg/m^3 计算。

O-Sepa 选粉机规格的匹配，以喂料浓度（$C_a=2.5\text{kg/m}^3$）和选粉浓度（$C_f=0.8\text{kg/m}^3$）两个指标来核算，如计算结果不一致，则用规格较大的配套。

【例】某水泥粉磨系统能力 $G_m=120\text{t/h}$，计算配用 O-Sepa 选粉机的规格。

【解】 $$N_1=\frac{G_m(L+1)}{60C_a}=\frac{120000(2+1)}{60 \times 2.5}=2400(\text{m}^3/\text{min})$$

圆整后可选 N-2500：

$$N_2=\frac{G_m}{60C_f}=\frac{120000}{60 \times 0.8}=2500(\text{m}^3/\text{min})$$

所以选 N-2500。

【例】规格为 N-1000 选粉机，其产量是多少？

【解】按喂料浓度计算：

$$G_m=\frac{60C_a N_1}{(L+1)}=\frac{60 \times 2.5 \times 1000}{(2+1)}=50000(\text{kg/h})$$

按选粉浓度：

$$G_m = 60C_f N_2 = 60 \times 0.8 \times 1000 = 48000 \ (kg/h)$$

3.15 O-Sepa 选粉机分级粒径的计算

O-Sepa 选粉机内粉体颗粒运动轨迹及其受力见图 3-3，粉体在分离过程中的受力情况比较复杂，除受到重力、气流作用力（拖曳力）和离心力外，在分级过程中还有若干其他作用力，如浮力、巴塞特（Basset）力、萨夫曼（Saffman）力、马格纳斯（Magnus）力、附加质量力等等。尽管作用在颗粒上的力相当复杂，但一般情况下并非所有的力都一样重要，对于质量较大的颗粒，重力起着重要的作用（考虑浮力），所以粗颗粒绝大多数由重力作用而沉降至粗粉出口排出。对于微细颗粒，在气固两相流中，由于气体的密度远远小于颗粒的密度，与颗粒本身的惯性相比，浮力、压力梯度力、虚拟质量力等均很小，可忽略不计，在以上所有的相关力中，颗粒切向运动产生的离心力和气流对颗粒作用的向心力对颗粒的运动状况起着重要的作用，决定着颗粒的运动轨迹。

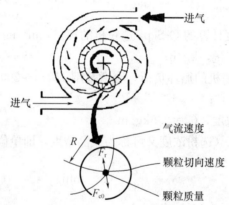

图 3-3　颗粒分级时受力情况

（1）O-Sepa 选粉机中环形区域内的理论分级粒径

O-Sepa 选粉机中导向叶片内边界和转笼外边界包围的环形空间区域，是一个重要的分级功能区。在该区域内，粉体粒子随气体流作涡旋运动，粒子的切向分速度为 u_t，向外的剩余惯性离心力为 F_{c0}；另一方面按切线方向流入的空气从中心管排出，在做回旋运动时，保持向心分速度 u_r，对粒子产生一向内的气流作用 F_r。

$$F_{c0} = \frac{\pi d^3 (\rho_p - \rho) u_t^2}{6r} \tag{3-16}$$

$$F_r = \zeta \frac{\pi}{4} d_p^2 \rho \frac{u_r^2}{2} \tag{3-17}$$

根据牛顿第二定律，颗粒的运动方程为：

$$m \frac{du}{dt} = F_{c0} - F_r \tag{3-18}$$

假设上述情况属于层流（Stokes 区域），$\zeta = \dfrac{24}{Re_p}$、$Re_p = \dfrac{\rho u_r^2 r}{\mu}$：

当 $\dfrac{du}{dt}=0$，可解得 d_p，此时的颗粒粒径称为分级粒径（d_c）：

$$d_c=u_t\sqrt{\dfrac{18\mu r u_r}{\rho_p-\rho}} \tag{3-19}$$

式中　d_c——分离粒径，m；

　　　μ——流体的动力黏度，Pa·s；

　　　r——颗粒的旋转半径，m；

　　　u_r——气流径向速度，m/s；

　　　u_t——气流切向速度，m/s；

　　　ρ_p——颗粒密度，kg/m³；

　　　ρ——气体密度，kg/m³。

（2）转子叶片间分级区内的理论分级粒径

由于气流在涡轮分级区内形成强制涡流场，ω 为常数，故有：

$$V/r=\omega=\pi n/30 \tag{3-20}$$

式中　n——转子的转速，r/min。

又，此区域内的气流径向速度为：

$$u_r=Q/2\pi rh(\text{m/s}) \tag{3-21}$$

式中　Q——风量，m³/s；

　　　h——转子的高度，m。

由式（3-19）、（3-20）、（3-21）可以得出转子叶片间区域内理论分级粒径公式：

$$d_c=\dfrac{1}{\omega}\sqrt{\dfrac{18\mu r(Q/2\pi rh)}{\rho_p-\rho}}=\dfrac{3}{\omega r}\sqrt{\dfrac{Q\mu}{\pi h(\rho_p-\rho)}} \tag{3-22}$$

由式（3-22）可以看出，分级切割粒径并不是一个定值，在转子叶片间分级区域它是随半径 r 和转子转速的变化而在一定范围变化的，而环形区域分级粒径就主要取决于气流的径向和切向速度值。

3.16　O-Sepa 选粉机所需功率计算

由于选粉机要适应不同的操作要求，其工艺参数将会相应的改变，所以必须有针对性的合理配备动力。一台选粉机根据其不同的用途应该有不同的比率。动力配置过小，满足不了产量和细度要求；反之，则会造成浪费。以下探讨相关的功率计算。

（1）启动功率

启动功率是指选粉机转子从静止状态变到操作速度时所需的功率。从物理概念来说，从静止到操作速度时的动能为 $\dfrac{1}{2}mu_t^2$，颗粒的切向速度（相当于转子回转速度，m/s），如 x 秒达到（一般可按 10s 计），则其启动功率计算式（3-23）。

$$N_q=\dfrac{1}{2}mu_t\times\dfrac{1}{x}=\dfrac{1}{2}\times\dfrac{w}{g}\times\dfrac{1000}{102}\times\dfrac{u_t^2}{10}=\dfrac{1}{20}wu_t^2 \tag{3-23}$$

式中　N_q——选粉机启动功率，kW；

　　　w——选粉机转子重量，t；

　　　u_t——转子线速度，m/s。

（2）运转功率

选粉机在稳定状态下的运转功率包括撒料和抵消转子叶片回转时两个方面的料幕的阻力。撒料的功率 N_s 可按每小时喂料量从撒料盘上水平零速，达到最大滑离速度的动能来计算，其撒料所需功率按式（3-24）计算：

$$N_s=\frac{1}{2}\times\frac{m}{3600}u_t^2=\frac{1}{2}\times\frac{Q1000}{g\times3600\times102}\times u_t^2=\frac{1}{7200}Qu_t^2 \tag{3-24}$$

式中　N_s——撒料功率，kW；

　　　Q——撒料量，t/h（如是上喂料则等于喂料量，下部气流喷进喂料则 $Q=0$，上、下均喂，则应扣除下部气流带入）；

　　　u_t——撒料盘速度，m/s（与转子速度相近）。

抵消转子叶片回转时料幕的阻力，该阻力亦可认为是流体运动对阻碍物的推力。转子叶片切割料幕时，相对速度近似于盘速度 u_t。因此，所有叶片的总阻力按式（3-25）计算：

$$F=\zeta A_0(C_0+\rho)\frac{u_t^2}{2g} \tag{3-25}$$

式中：F——转子叶片回转时的总阻力，kg；

　　　ζ——阻力系数，与 Re 有关；

　　　A_0——转子叶片总面积，m^2；

　　　C_0——喂料浓度，kg/m^3；

　　　ρ——气体密度，kg/m^3；

　　　u_t——转子的线速度，m/s；则消耗的功率 N_h 为式（3-26）：

$$N_h=\frac{Fu_t}{102}=\frac{\zeta A_0(C_0+\rho)u_t^3}{2000} \tag{3-26}$$

阻力系数可以从气体绕平板运动的原理得出，$Re=u_tb/\mu$：b 为叶片宽度，m；μ 为流体的动力黏度，Pa·s。高效选粉机实际计算求得的 Re 一般 $>1\times10^5$。因此其绕流阻力正处于速降至 0.18 的范围。由此选粉机的运行功率为式（3-27）：

$$N=N_s+N_h=\frac{Qu_t^2}{7200}+\frac{0.18(C_0+\rho)A_0u_t^3}{2000} \tag{3-27}$$

选粉机在实际运转时还有机械摩擦消耗，如轴承和轴封的摩擦损失、转子和导向叶之间的圆盘气阻磨损等。因此实际运转功率 N_0 需乘以系数 k，k 一般取 1.3。

$$N_0=kN=K(N_s+N_h)=1.3\left(\frac{Qu_t^2}{7200}+\frac{0.18(C_0+\rho)A_0u_t^3}{2000}\right) \tag{3-28}$$

选粉机在配置电机时，首先要确定其使用范围，如生产能力、成品细度、喂料量、最大线速度，计算出 N_0 值。并应考虑一定的备用，一般可按 $1.2\sim1.3N_0$ 确定电机功率。并应核算启动功率，一般来说小于以上选定的功率，如果超过则应增大电机功率。选用变频调速器时，按恒扭矩，调速范围 1∶3，从高速向低速调。

O-Sepa 选粉机转速、功率和产量与风量之间关系，如图 3-4 所示。

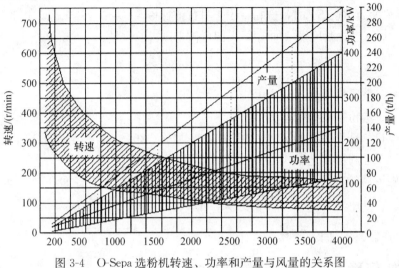

图 3-4　O-Sepa 选粉机转速、功率和产量与风量的关系图

3.17　旋风式选粉机转子改为笼形转子时主要参数如何确定

旋风式选粉机转子改为笼形转子时的选粉机示意图，见图 3-5。

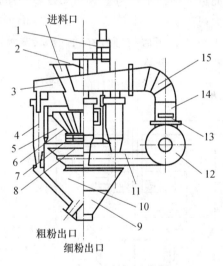

图 3-5　选粉机示意图

1—驱动装置；2—主轴；3—分岔风管；4—旋风筒；5—选粉室；6—分级圈；7—撒料盘；8—滴流装置；
9—细粉收集筒；10—粗粉收集筒；11—主进风管；12—风机；13—调节阀；14—风管；15—风管弯头

（1）产量：转子式选粉机的产量与选粉室面积大小成比例，根据生产实践的数据，近似地换算成与选粉机内锥体直径的比例关系。

$$Q = KD^2 = 7.2\,D^2\,(\mathrm{t/h}) \tag{3-29}$$

$$D = \sqrt{Q/7.2} \, (\text{m}) \tag{3-30}$$

式中各符号意义同式（3-10）。

（2）风量：根据经验，当操作温度为 100 ℃，产品细度 $80\mu m$，高孔筛筛余是 $6\% \sim 8\%$，粉料浓度为 500g/m^3 时，选粉室中上升气流速度，$v_0 = 3.4 \sim 4\text{m/s}$，按此气流上升速度算出风量后，考虑漏风量增加 10%，即可作为风机的风量。

$$W = 1.1 \times 3600 v_0 S \tag{3-31}$$

式中　W——鼓风机风量，m^3/h；

　　　S——选粉室截面积，m^2。

（3）风机：选型风机的风压一般取 2.35 kPa（20℃），一般选取离心通风机，可参考《水泥工业粉磨工艺及设备》推荐的常用风机型号。

（4）旋风筒的直径：旋风筒的直径 d 与选粉机的选粉室直径 D 有如下近似关系。

$$d = 0.438D \tag{3-32}$$

（5）分离粒径，同本章 3.7 节计算。

3.18　如何确定离心式选粉机的尺寸比例

离心式选粉机的物料应在气流中有足够的停留时间，以达到良好的分选作用。要达到这样的效果，选粉区应有最大的高度。在选粉机的细粉上升区内，选出的细粉被气流提升，越过内锥体的边缘而进入细粉室；为了达到高效的选粉作用，选粉区的高度与细粉上升区的高度之比，最大可为 1：1。高度比＞1：1 时，可取得较好的选粉作用。图 3-6 所示这两个区的高度比是 1：0.5，可以得到较好的选粉效率。高度比为 0.8：1～0.5：1 以及更低的选粉机，其选粉作用就更差。

塔那卡（Tanaka）对离心式选粉结构部件的尺寸比例，提出如下的建议（图 3-6）。

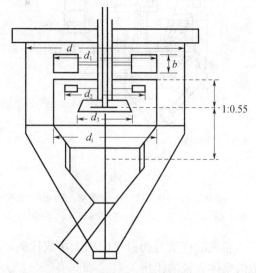

图 3-6　离心式选粉机的尺寸比

b＝0.1d；d_i＝0.7d；d_1＝0.7d；d_2＝0.5d；d_3＝0.33d；

3.19　螺桨撒料盘与平板式撒料盘的区别

螺桨撒料盘由于分级性能与圆形平板撒料盘不同。螺桨撒料盘要承受物料的叶片有一定的倾斜角，它是在旋转平面上对物料作用，除了使摩擦力增大外，还增加了一个支反力的水平分力，如图 3-7 所示，从而加强了对物料的动能传递，使粉体在主轴转速不变的情况下，以较大的速度被抛散，并减少了大粉团料从撒料盘边缘滑落的现象。它可提高粒子的分散飞出速度，并有利于粒子分级。由于螺桨关系旋转上升气流作用力的作用大，它可超过重力和惯性离心力的作用，随上升气流迅速离开撒料盘，减少物料的循环负荷率，提高选粉效率。螺桨撒料盘与平板式撒料盘的特性见图 3-8，由此可见，普通撒料盘的分割率大于 25％，而螺旋桨式的撒料盘仅为 15％～20％以下。

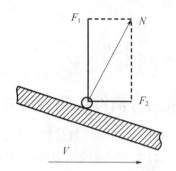

图 3-7　颗粒在螺桨撒料盘上的受力分析

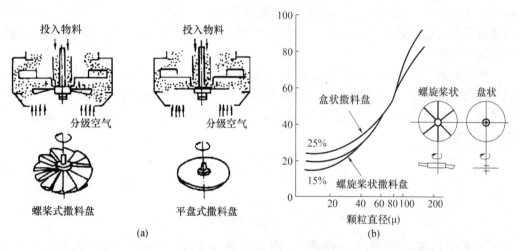

图 3-8　螺桨撒料盘与平板式撒料盘的特性区别

（a）螺桨式和平盘式撒料盘的作用区别；（b）不同形状撒料盘的分级特性

3.20　螺桨撒料盘叶片的倾斜角如何确定

撒料盘叶片的倾斜角 α 不可过大，以免造成物料沿斜面下滑，造成在撒料盘上分格堆集，从而影响撒料效果和分级性能。计算公式为式（3-33）～式（3-35）。

$$\text{tg}\alpha = K\frac{f \cdot c}{mg}\text{tg}\gamma \tag{3-33}$$

式中　γ——物料自然休止角，取 30 度左右；

　　　f——摩擦系数，取 $0.2 \sim 0.25$；

　　　c——离心力，N；

　　　K——由物料空隙率、粒度、湿度等决定的黏滞系数，由实验测得，一般为 $0.10 \sim 0.13$。

由于，

$$C = \frac{mW^2}{R} = \frac{m4\pi^2 Rn^2}{3600} = \frac{mRn^2}{91.2} \tag{3-34}$$

则得：

$$\text{tg}\alpha = K\frac{fmRn^2}{91.2mg}\text{tg}\gamma = \frac{kfRn^2}{895}\text{tg}\gamma \tag{3-35}$$

3.21　高效笼式选粉机的分离粒径和转速如何确定

分离粒径是指某粒度进入粗粉和细粉的数量相等时的粒径。也称切割粒径，一般用 d_{50} 表示。在实际选型时，人们要求的是成品细度，因此必须搞清成品细度和分离粒度之间的关系。通常生料成品用 $R_{80}\mu m\%$，水泥用 $R_{45}\mu m\%$ 和比表面积 m^2/kg 表示。比面积为 $320m^2/kg$ 时，$R_{80}\mu m\%$ 已小于 1%，因此 $320 \sim 400m^2/kg$ 之间时，用 $R_{45}\mu m\%$；用 $3 \sim 32\mu m$ 的总量来评述粒度级配的质量时，也只有在 $300 \sim 450m^2/kg$ 范围内才有意义。超过此值时，$3 \sim 32\mu m$ 的总量反而下降，因为 $3\mu m$ 的值大幅增加，从而造成这一结果。

从选粉机内气流运动和颗粒受力情况来看，粉体颗粒受转子的回旋作涡旋运动，其切向分速度为 V_u，离生的离心力和浮力差为 F_u，气流从切线方向流入转子，从中心管排出，作回旋运动时，保持向心分速度 V_r，气体对颗粒产生推力，颗粒运动时气体对其产生阻力 F_r。

$$F_u = \frac{1}{6}\pi d^3\frac{\rho_s - \rho_a}{g} \cdot \frac{V_u^2}{R} \tag{3-36}$$

$$F_r = \zeta \times \frac{\pi}{4}d^2 \times V_r^2\frac{\rho_s}{2g} \tag{3-37}$$

当 $F_u = F_r$ 时，为颗粒的沉降速度。其值和 V_r 相等时，此颗粒处于平衡状态，亦即可能一半随气流被带出，一半被沉落，该颗粒的粒径，就是分离粒度 d_{50}。

式中　V_u——颗粒的切向速度，m/s；

　　　V_r——相当于转子回转速度气流径向分速度，m/s；

　　　R——气流回转半径，m，相当于选粉机转子半径；

　　　ρ_s——颗粒密度，kg/m^3；

　　　ρ_a——气体密度，kg/m^3；

　　　ζ——阻力系数，决定于雷诺数 R_e 值。

雷诺数与颗粒直径 d、气体运动黏度 η 和气流径向分速度的关系为：

$$\mathrm{Re} = \frac{dV_r}{\eta} \qquad (3\text{-}38)$$

根据流体力学，颗粒的阻力系数 ζ 与雷诺数 Re 之间有如下关系：

当 $\mathrm{Re} < 2$ 时：$\zeta = \dfrac{24}{\mathrm{Re}}$；

当 $1 < \mathrm{Re} < 1000$ 时：$\zeta = \dfrac{13}{\sqrt{\mathrm{Re}}}$；

当 $1000 < \mathrm{Re} < 10^5$ 时：$\zeta = 0.44$；

当 $10^5 < \mathrm{Re}$ 时：$\zeta = 0.1$。

高效选粉机一般可选粒径为 $1\sim100\mu m$，当成品比面积为 $300\sim500 m^2/kg$ 时，分离粒径为 $10\sim30\mu m$，V_r 为 $3\sim4 m/s$，选粉温度 $70\sim80^\circ C$，此时气体运动粘度 η 约为 $20 \times 10^{-6} m^2/s$。由此可得 $\mathrm{Re} = 1.5\sim6$，ζ 值基本上可按 24/Re 计算，这样

$$d = \frac{1}{V_u}\sqrt{\sqrt{\frac{18V_r}{(\rho_s - \rho_a)} \cdot R \cdot \eta \cdot \rho_a}} \qquad (3\text{-}39)$$

式中　d——分离粒度 d_{50}。

（1）一定规格的选粉机，d 与 $V_r^{0.5}$ 成正比，亦即与风量的 0.5 次方成正比；

（2）d 与 V_u 成反比，即 d 与选粉机转速 n 成反比；

（3）维持 d 不变，则 RV_r/V_u^2 之间的关系不变。

在实际生产中一般是保持一定的喂料浓度，以达到较好的分离效果。所以维持 V_r 不变，调节 V_u 来改变分离粒度，以满足成品细度要求。

3.22　V 型选粉机的分级粒径

物料颗粒在 V 型选粉机中的运动过程：物料进入分级机后，首先在重力作用下分散下沉，很快达到沉降末速，并以此速度下沉。在侧面风的作用下，细小的颗粒很快偏离原有的运动轨迹，被风携带出去；稍大的颗粒在运动过程中会沉降到分级板的底部，收集下来。

分级粒径是指那些颗粒的当量直径，它们在被风携带过程中可能恰好被带走，也可能沉降到分级板的底部。其运动特比的数学特征为：颗粒沉降到分级板的时间和随风携带通过空气分级区的时间相等。颗粒在 V 型选粉机内的受力分析见图 3-9。

颗粒从上层分级板沉降到下层分级板需要的时间 t_1：

$$t_1 = \frac{h}{u_0\cos\theta} \qquad (3\text{-}40)$$

颗粒通过分级板需要的时间 t_2：

$$t_2 = \frac{L}{u_f} \qquad (3\text{-}41)$$

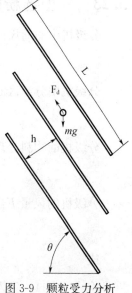

图 3-9　颗粒受力分析

当 $t_1 = t_2$ 时，

$$\frac{h}{u_0\cos\theta} = \frac{L}{u_f}$$ (3-42)

式中 u_f——气流速度，m/s；

u——颗粒与气体间的相对速度，m/s；

u_0——颗粒沉降速度，m/s；

L——分级板长度，m；

h——分级板间距，m；

θ——分级板倾角，°。

颗粒主要受重力和气体阻力的作用，当两者趋于相等时，颗粒达到沉降末速 u_0，保持相对稳定，并以该速度沉降。

$$u_0 = \sqrt{\frac{4gd_p(\rho_p - \rho)}{3\rho\zeta}}$$ (3-43)

式中 ζ——阻力系数（详见本章 3.5 节），无因次，为颗粒雷诺数的函数；

μ——流体黏度，Pa·s；

ρ——流体密度，kg/m³；

ρ_p——颗粒密度，kg/m³。

$$u_f = u_0\cos\theta\frac{L}{h} = \cos\theta\frac{L}{h}\sqrt{\frac{4gd_p(\rho_p - \rho)}{3\rho\zeta}}$$ (3-44)

V 型选粉机的分级粒径为：

$$d_p = \frac{3\rho\zeta}{4g(\rho_p - \rho)}\left(\frac{hu_f}{L\cos\theta}\right)^2$$ (3-45)

3.23　V 型选粉机的风量确定

分级机中的通风面积 A：

$$A = Bhn \text{ (m}^2\text{)}$$ (3-46)

分级机中分级区断面高度 H：

$$H = (h + h_0)n \text{ (m)}$$ (3-47)

分级机的物料处理量 Q：

$$Q = \lambda F/1000 \text{(t/h)}$$ (3-48)

分级机的风量 F：

$$F = 1000Q/\lambda \text{(m}^3\text{/h)}$$ (3-49)

或 $$F = 3600u_f A = 3600u_f Bhn \text{(m}^3\text{/h)}$$ (3-50)

将式（3-44）代入式（3-50）可求风量。

式中　Q——物料处理量，t/h；

　　　F——风量，m³/h；

　　　L——分级板长度，m；

　　　B——分级板宽度，m；

　　　h——分级板间距，m；

　　　h_0——分级板厚度，m；

　　　n——分级板的层数；

　　　H——分级区断面净高，m；

　　　θ——分级板倾角，°；

　　　λ——料气比，kg/m³，通常料气比为 4kg/m³。

V 型选粉机风量 Q 也可根据喂料量的大小确定，正常按 4kg/m³ 的喂料浓度配风，最大不超过 5kg/m³，以保证分散效果。

举例来说，V 型选粉机导流板间的设计风速为 6.7m/s 左右，半成品的比表面积可以达到 150m²/kg，实际测定风速 5.8m/s 时，比表面积为 185m²/kg。说明风速降低，半成品变细，适合生产高标号水泥；反之，如要生产低标号水泥，必须保证一定的风速，降低半成品的细度，否则辊压机和球磨机的粉磨能力难以平衡。

设计选型时应确认风机的性能曲线满足调节要求并有一定的富余，生产中减少设备的漏风，放风量大时补充适量的冷风。但是，V 型选粉机属粗选粉，其分离粒度约 500μm，中间成品比面积约 200m²/kg，R_{80}μm 细度达 30%，并含有少量＞1mm 的粗颗粒。

第4章 选粉机在粉磨系统中的应用

4.1 选粉机使用与粉磨系统产量及能耗的关系

粉磨系统配备选粉机，可以提高磨机产量、保证产品质量，并使粉磨综合电耗下降，有利于节能降耗。

在装有选粉机的闭路粉磨系统中，出球磨机的粉料可以粗细并存，不需要全部合格了才出磨。所以入磨物料量加大了，物料在磨内循环量也较大地提高了；细粉在磨内黏附研磨体引起的缓冲作用减少，磨机的产量也就提高了。

回粉细度与出磨细度之差越大，选粉效率就越高，同等条件，磨机的台时产量也就越高，这也是个正比关系。磨机在同等条件下，根据产品的细度要求，出磨细度应控制在一定的范围之内，又需配备较好的分级设备，回粉的粗粉细度才能较大。所以，粉磨系统才会形成较低的循环负荷和较高的选粉效率，这时的磨机可以加大喂料量，磨机产量因此而提高。

4.2 选粉机使用对水泥质量的影响

选粉效率的高低不只是影响到磨机产量的问题，对产品的质量亦有较大的影响。太低的选粉效率不但会遏制磨机产量的提高，而且直接影响到产品的质量。太高的选粉效率会使磨机产量有较大的提高，但是对水泥的质量却有较大的影响。

水泥质量要求的提高，也对选粉机提出了更高的要求。一方面是使用厂家对水泥质量的要求提高，有向高细度、高强度等级水泥发展的趋势，而对高细度水泥的生产，开路粉磨系统很难胜任；另一方面是人们对水泥质量认识的进一步深入，使得在评价水泥质量方面的一些观点发生了变化。当初，作为水泥质量主要指标之一的水泥细度是用筛余控制的，用筛余控制只能反映成品中粗颗粒的多少，不能反映全部颗粒的粗细情况；而后发展到比表面积控制，水泥越细，比表面积越大。现在发现，即使是比表面积相同的水泥产品，因采用的粉磨流程、选粉方式不同，其强度也有差别。闭路粉磨或配高效选粉机粉磨生产的产品与开路粉磨或配普通选粉机粉磨生产的产品相比，同样的比表面积，前者强度高；强度相同，前者则比表面积低一些，其原因在于颗粒级配的不同。研究表明，水泥颗粒组成中不同粗细的颗粒对水泥水化性能的作用是不同的。大于 $60\mu m$ 颗粒对水泥强度作用甚微，只起填料作用；小于 $3\mu m$ 的颗粒水化过程在硬化初期就已完成，只对水泥早期强度有利，$3\sim30\mu m$ 的颗粒是水泥的主要活性部分、承担强度增长的主要途径。对此，一些水泥品种曾对 $3\sim30\mu m$ 颗粒的含量提出了具体的要求：

普通硅酸盐水泥：40%～50%；

高强快硬水泥：50%～60%；

超高强快硬水泥：＞70％。

由此可见，水泥质量与水泥成品中 $3\sim30\mu m$ 颗粒的含量有很大关系。而在水泥粉磨作业中，要得到某一粒径范围含量较高、分布相对较窄的水泥产品，只有通过高效选粉机来调节、控制，否则难以实现。

生产水泥的闭路粉磨系统选粉机的选粉效率，应该控制在 $60％\sim65％$ 较为适宜，最高也不要超过 $70％$，成品中 $3\sim30\mu m$ 的颗粒所占的比例才能较大；超过 $65％$，既不会因选粉效率较低而形成过粉磨现象，也不会因选粉效率太高而降低了水泥的强度。

4.3　高效选粉机的优势

高效选粉机相比离心式、旋风式选粉机有较大的优势，现以 O-Sepa 选粉机为例，表 4-1 列出了在生产条件基本相同的情况下，O-Sepa 选粉机与离心式、旋风式选粉机的实际生产数据。从表 4-1 可以看出，O-Sepa 选粉机比离心式、旋风式选粉机的产量分别提高 23％和 7％，电耗分别降低 7.8kWh/t 和 3.2kWh/t。

表 4.1　O-Sepa 选粉机与离心式、旋风式选粉机生产数据对比

序号	选粉机型号	O-Sepa	离心式	旋风式
1	磨机有效规格/m	$\phi4.16\times11.72$	$\phi4.16\times11.72$	$\phi4.12\times12.74$
2	磨机转速/（r/min）	14.8	14.8	14.8
3	磨机马达/kW	3300	3300	3300
4	选粉机台数/台	1	2	3
5	磨机产量/（t/h）	105	85	98
6	单位电耗/（kWh/t）	34.8	42.6	38
7	比表面积/（cm²/g）	3240	3400	3300
	＋33μm 筛筛余/％	20	18	18
	＋88μm 筛筛余/％	0.2	1.2	0.6
8	循环负荷率/％	424	160	117

4.4　球磨机闭路粉磨系统

闭路粉磨系统是世界各国水泥生产广泛采用的工艺形式，美国、德国、法国、日本等发达国家的大型粉磨系统，几乎都采用这种工艺流程生产水泥，日本闭路粉磨系统生产的水泥占到总产量的 90％以上。闭路粉磨系统主要由磨机、选粉机、风机和其他辅机（如输送、计量等）设备构成。图 4-1 为两种卸料方式的球磨机闭路工艺流程。

此外，闭路工艺也有一级闭路和二级闭路、风机循环闭路和直通式闭路等区别。二级闭路采用两台选粉机，便于操作不同的切割粒径，更有利于控制水泥的粒度分布和增产节能；风机循环闭路一般适用于粉磨水泥生料，对水泥粉磨则多采用单风机直

通式闭路。在闭路生产中，物料先经磨机粉磨，再通过选粉机分选出成品，粗粉返回磨机继续粉磨，直至达到合格细度。与开路工艺相比，闭路粉磨可以减少水泥过粉磨现象，通过选粉机调节成品细度，有利于提高产品细度和生产效率，细度 0.08mm 筛筛余通常都可控制在 3% 以下。

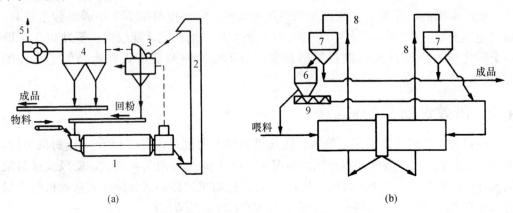

(a)　　　　　　　　　　　　　　(b)

图 4-1　两种卸料方式的球磨机闭路工艺示意图

(a) 尾卸磨闭路工艺流程；(b) 中卸磨闭路工艺流程

1—磨机；2—提升机；3—高效选粉机；4—气箱脉冲袋式收尘器；5—后排风机；

6—分流小仓；7—选粉机；8—提升机；9—喂料机

4.5　O-Sepa 选粉机的粉磨流程

O-Sepa 高效选粉机唯一的不足是不能直接得到成品，它必须靠收尘设备来收集。其粉磨系统有两级收尘系统和单级收尘系统两种基本流程（图 4-2）。

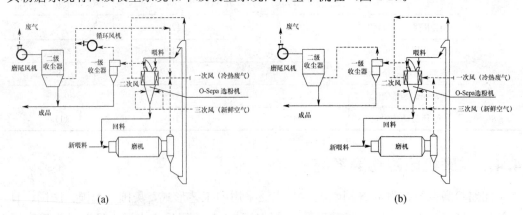

(a)　　　　　　　　　　　　　　(b)

图 4-2　两级收尘系统的粉磨流程

(a) 带循环风机的两级收尘粉磨系统；(b) 不带循环风机的两级收尘粉磨系统

(1) 两级收尘系统的粉磨流程

图 4-2 (a) 所示为带循环风机的两级收尘系统，一级采用旋风收尘器，二级采用电收尘器或布袋收尘器均可。这种系统将磨机排风和循环风机的部分风量作为一次风进入高效选粉机，磨系统收尘点的风量作为二次风进入选粉机，以新鲜空气作为三次

风供给选粉机。经选粉后的含尘气体由循环风机抽吸到第一级的旋风收尘器内，部分粉尘被收集下来作为成品输送走，排出气体通过循环风机，一部分作为循环风掺入一次风，剩余含尘气体排入到二级普通收尘器中并进一步收集下来，仍为成品输出。收尘后的洁净空气由磨尾风机排入大气。经高效选粉机排出的粗粉与新料一起喂入磨内，进行再次粉磨。出磨物料由提升机提升，喂入选粉机进行分选。由于这种系统利用部分循环空气和收尘点的含尘气体作为分选空气，循环空气较多，而进入二级收尘器内的含尘气体较少，引入机内的新鲜空气也不多，所以对收尘器的能力要求不高，但对水泥的冷却效果却较差，系统也比较复杂。

图 4-2（b）所示为不带循环风机的两级收尘系统。一级仍然采用旋风收尘器，二级采用电收尘器或布袋收尘器。它与图 4-2（a）的区别主要是取消了循环风机，使全部的选粉风量进入旋风收尘器，进行一级收尘。旋风收尘器排出的含尘气体直接进入二级收尘器进行再次收尘。一级和二级收尘器收下的物料作为成品输送走，二级收尘器排出的洁净空气通过磨尾风机排入大气。

这种系统可使大量的冷空气进入选粉机，因而物料的冷却效果较好，细粉收集彻底，流程也比较简单。但是收尘器和磨尾风机的规格必须增大，系统阻力也比较大，投资比较高。

（2）单级收尘系统的粉磨流程

图 4-3 为单级收尘系统 O-Sepa 选粉机的闭路粉磨流程，这种系统与两级收尘系统相比的明显区别是不设一级旋风收尘器，所以称之为单级收尘系统。因此，必须采用能处理含尘浓度 $500 \sim 1000 g/m^3$（标）的高效收尘器。可将大量的新鲜空气引入到选粉机内，全部选粉气流均被抽至高效收尘器中分离处理，成品收集下来输送走，经过过滤的废气由磨尾风机排入大气。这种单级收尘的粉磨系统，所用设备最少，因而工艺流程最简单；显然，系统的阻力也最小，所以能耗小。由于新鲜空气用量大，所以成品的湿度低。一般情况下，不需设置专门的水泥冷却或磨内喷水装置。这种系统是比较理想的常用工艺流程。

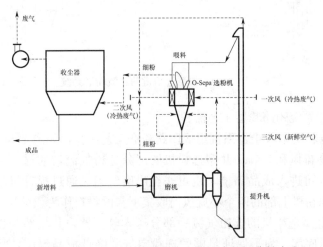

图 4-3　O-Sepa 选粉机和单级收尘器组成的闭路粉磨流程

4.6 Sepax 高效选粉机的粉磨流程

Sepax 高效选粉机有两种机型，即 Sepax-Ⅰ型和 Sepax-Ⅱ型。Ⅰ型和Ⅱ型的区别是后者上部带四个较小的旋风筒，与其本身组成一个整体。它们有四种比较典型的工艺流程。

（1）无循环风系统闭路粉磨工艺流程

图 4-4（a）是由 Sepax-Ⅰ型选粉机组成的圈流粉磨系统，不设循环风机。Sepax-Ⅰ型选粉机的排风经收尘器将成品向下输送走，洁净空气通过风机和烟囱排入大气。磨尾出料罩排出的含尘气体通过袋式收尘器进行净化，收下的物料通过螺旋输送机与磨机出料，一起再经过螺旋输送机和提升机喂入 Sepax-Ⅰ型选粉机进行分选，粗粉回料通过斜槽送至磨头，同新料一起喂入磨内进行粉磨。Sepax-Ⅰ型选粉机的下部全部是新鲜的冷空气，因此，这种系统最简单，成品的温度低。

（2）有循环风系统闭路粉磨工艺流程

图 4-4（b）所示为 Sepax-Ⅰ型选粉机设有循环风机的圈流粉磨系统。它与图 4-4（a）的主要区别是在 Sepax-Ⅰ型选粉机的出口设置一台旋风收尘器，其排气由循环风机抽吸。循环风机的出口分成两路，一路的少部分气体经过一台收尘器进行净化，收集下的成品送入成品斜槽，排出的洁净空气通过磨尾风机排入烟囱，进而排入大气。另一路的气体作为循环风从底部供给高效选粉机，作为选粉气流使用。为了降低成品温度，在 Sepax-Ⅰ型选粉机出口与旋风收尘器之间可以掺部分冷风。

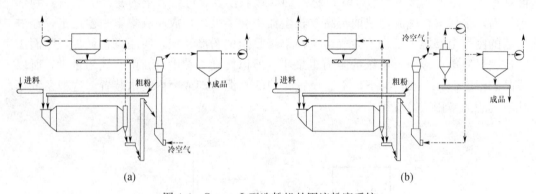

(a)   (b)

图 4-4   Sepax-Ⅰ型选粉机的圈流粉磨系统

（3）单收尘器系统闭路粉磨工艺流程

Sepax-Ⅱ型选粉机单收尘器系统组成闭路粉磨工艺流程，如图 4-5（a）所示，这种系统的特点是磨尾排风和 Sepax-Ⅱ型选粉机的部分选粉气流均通过一台收尘器进行收尘，收下的物料既可进入成品斜槽，也可送至出磨绞刀，通过提升机喂入高效选粉机中。Sepax-Ⅱ型选粉机上部的四个小旋风筒收集下来的物料作为成品送入成品斜槽。循环风机将 Sepax-Ⅱ型选粉机的选粉气流一部分送入收尘器，其余部分作为循环风送至 Sepax-Ⅱ型选粉机底部。为了保证足够的选粉空气并降低成品温度，从 Sepax-Ⅱ型选粉机下部补充一部分新鲜空气。其余与图 4-4（a）相同。这种系统是最简单的一种，省掉了磨尾排风的收尘及风机等设备，因而流程简单，占地面积很小，投资少。

（4）双收尘器风系统闭路粉磨工艺流程

图 4-5（b）所示为 Sepax-Ⅱ型选粉机双收尘器的组成圈流粉磨系统。磨尾排风系统与图 4-4，设有一台较大的收尘器进行收尘。Sepax-Ⅱ型选粉机的排气完全由循环风机进行循环，由喂料器提升机等进入高效选粉机内的多余气体从循环风机出口管道上引入一台较小的收尘器中，收集下的物料送至成品斜槽。经过收尘器净化的空气由后部的风机送入烟囱，进而排入大气。Sepax-Ⅱ型选粉机上部有四个小旋风筒收集的物料，通过一台小斜槽再送至成品斜槽。Sepax-Ⅱ型选粉机的粗粉回料通过一台斜槽喂入磨内重新粉磨。这种系统虽然比较复杂一些，但选粉气流的收尘器却可以减小规格。

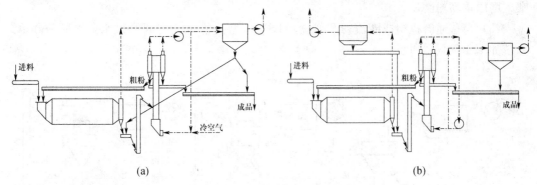

图 4-5　Sepax-Ⅱ型选粉机的圈流粉磨系统

4.7　S-SD 型选粉机的粉磨工艺流程

S-SD 型选粉机与磨机组成的圈流粉磨系统，如图 4-6 所示。图中的旋风收尘器也可用袋收尘器。

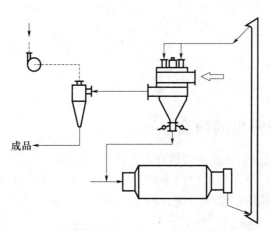

图 4-6　S-SD 型选粉机与磨机组成的圈流粉磨系统

4.8　TSV 型选粉机的粉磨流程

由于 TSV 型选粉机有 A、B、C 三种不同的构造型式，所以应用特别广泛，可以组成各种粉磨流程，如图 4-7 所示。

（1）用于全风扫粉磨系统，如图 4-7（a）所示。TSV-A 型选粉机没有喂料装置，不需要提升机，只要将进风管与风扫磨的出料排风管相接，选粉机的出料排风管与收尘设备相接即可。这是用 TSV-A 型选粉机代替原来使用的分离器，因而效率更高，阻力更小，细度调节也更容易，见图 4-7（a）。

（2）用于半风扫粉磨系统，如图 4-7（b）所示。TSV-B 型选粉机与半风扫磨机组成的圈流粉磨系统，它既是一个选粉设备，又是一个分离器。将磨机的出料通过提升机等输送设备从选粉机上部喂入，同时又将磨机的废气通过下部的进风管输入其中，共同将细粉选出，通过收尘器收集。粗粉回料管与输送设备相接，以磨头与新料一起喂入磨内重新粉磨，

（3）与普通磨机组成圈流粉磨系统，TSV-C 型选粉机与普通磨机组成的圈流粉磨系统如图 4-7（c）所示。

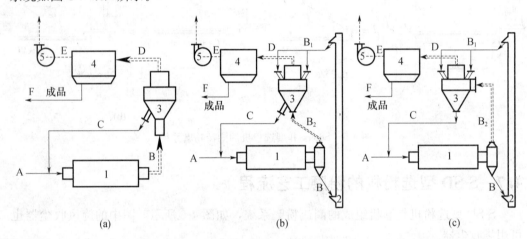

图 4-7　三种 TSV 型选粉机与磨机组成的典型系统

（a）TSV-A 型全风扫粉磨系统；（b）TSV-B 型半风扫粉磨系统；（c）TSV-C 型组成圈流粉磨系统

1—磨机；2—提升机；3—TSV 选粉机；4—收尘器；5—磨尾风机；

A—新喂料；B—磨机卸料；B₁—选粉机喂料；B₂—出磨含料废气；C—粗粉回料；

D—选粉机排出含料废气；E—经收尘后的洁净废气；F—收尘器收下的成品

4.9　Sepol 型选粉机的粉磨系统

Sepol 型选粉机的灵活性在于可以自由选择旋风筒的数目以及其与选粉机风机的布置方式，以适应各种粉磨车间的空间条件。Sepol 型选粉机的具体应用结构还有两种，即带有两个和四个旋风筒的循环系统。因此，它们可与各种粉磨设备组成不同的圈流粉磨典型系统。

Sepol 型选粉机设置一个单独的冷空气进口，可吸入大量的新鲜冷空气，多余的选粉气体从选粉机与风机的管道中排至专设的收尘器中。这种粉磨系统可使选粉机回粉和成品的温度降低 40℃。虽然省掉了水泥冷却装置，然而却增加了一台收尘器。在这种系统中，还可以使用不带旋风筒的 Sepol 型选粉机，分选出来的细颗粒同选粉气流一起排出，进入一台较大的收尘器中收集下来，作为成品输送走。这种方案适合于现有车间空间不够和水泥需要冷却的场合，因为这种流程选粉空气是不含尘的新鲜空气，

所以既减小了旋风筒所占的空间，又会降低成品温度，同时提高了选粉效率。这种无旋风筒的 Sepol 型选粉机，从投资和操作运行费用方面看，对新建厂也是一种有利的方案。

4.10　预粉磨及其工艺流程

当入磨物料粒度发生变化时，磨机的产量也随之发生变化，粒度系数的计算如式（4-1）所示。

$$K_{d}=\frac{Q_1}{Q_2}=\left(\frac{d_1}{d_2}\right)^n \tag{4-1}$$

式中　d_1——当产量为 Q_1 时的入磨物为粒度，以 80％通过的筛孔孔径表示；

　　　D_2——当产量为 Q_2 时的入磨物料粒度，以 80％通过的筛孔孔径表示；

　　　n——与物料性质、成品细度、粉磨条件等有关的指数，通过试验确定。一般在 0.1～0.25 之间。可见，水泥粉磨中，针对入磨粒度普遍偏大的现象，可以通过预粉磨来实现增产节能。

球磨机的粉磨原理和结构型式决定其能源消耗高，特别是破碎仓（也称粗磨仓），为了提高能源的利用率，将入球磨机前的颗粒状物料先进行细碎或预粉磨，把球磨机破碎仓的破碎工作移植到球磨机外处理，这就是预粉磨。预粉磨是用其工作效率高的细碎或粉磨设备替代效率低的球磨机破碎仓的工作，其作用是尽可能减小物料入磨粒度，为提高球磨产量和细度创造条件。因此，球磨机内的研磨体的平均球径可以减小，大球施加给磨机的过大应力得以降低，从而提高粉磨效率，提高磨机系统产量，降低电耗。

预粉磨系统一般有两种流程：一是经预粉磨设备的物料直接进入球磨机粉磨，如图 4-8（a）所示，仅经一次预粉磨的物料颗粒分布较宽，不利于球磨机粉磨；二是经预粉磨的物料经分级后，粗粒物料再循环入预粉磨设备与新料一起再经预粉磨，其工艺流程如图 4-8（b）所示。

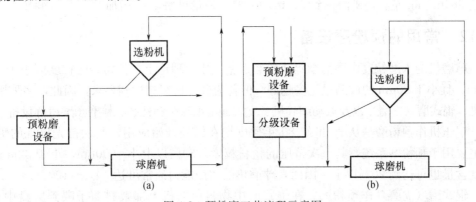

图 4-8　预粉磨工艺流程示意图

4.11　分别粉磨中选粉机的应用

随着高细、大掺量矿渣微粉对激发水泥或混凝土强度作用，分别粉磨工艺流程系统已被广泛使用，如图 4-9 所示。

矿渣水泥生产中,由于熟料与矿渣及其磨物料的易磨性相差悬殊,用粉磨功指数 kWh/t 表示,水泥熟料一般在 17～19kWh/t 之间,矿渣、钢渣则高达 24～29kWh/t。因此,传统开路磨将熟料、混合材同时入磨,粉磨成品中的这类物料的细度实际偏低,既不利于水泥强度发挥,掺量也受到很大限制,若希望增大掺入量,则势必以降低水泥强度等级和产量为代价。如图 4-9,流程既可按要求细度控制混合材粉磨,也可使熟料磨因其难磨组分减小而更易于控制和提高粉磨产量和细度,而提高水泥细度所带动的强度增长,又为多掺混合材提供了条件。从工艺上减轻了难磨物料对粉磨效率的影响。

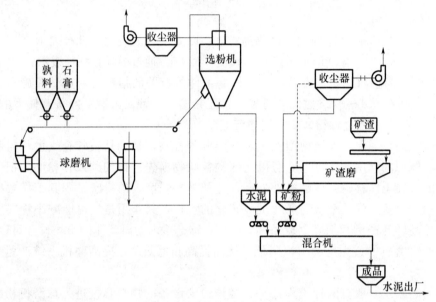

图 4-9   分别粉磨工艺流程示意图

应用表明,分别粉磨在不改变磨机结构及生产定额的前提下,熟料粉磨比表面积可达 360m²/kg 左右,矿渣达到 350m²/kg 时,掺量可由 15%增加至 35%～45%。

4.12   常用的预粉磨设备

球磨机的入磨粒度由磨前细碎或粉磨设备完成。理论上,预粉磨的粒度应小于 3～5mm,且小于 80μm 的成品量越多越好。但普通破碎机很难达到要求,因此,多采用辊压机、辊式磨(立磨)以及振动细碎机、立式冲击细碎机和柱磨、棒磨预磨机等设备。

辊压机作预粉磨是从 20 世纪 80 年代中期在国外开始应用,西欧首先出现的辊压机主要用于预粉磨系统,其一次挤压的物料粒度,80%以上小于 90μm,小于 32μm 的粒度含量也可达到 20%以上。因而,球磨机的增产能力通常可达 40%～100%。

辊式磨(立磨)作预粉磨,在辊式磨中物料由磨机上部喂料溜子喂到磨盘中央,由磨盘旋转产生的离心力使物料向圆周方向移动,并在旋转的磨盘和磨辊之间受压力和剪切力的作用而被粉碎,粉碎效率较高,经辊式磨预粉磨的物料,粒径小于 88μm 的颗粒占 30%,在 1～2mm 以上的粗颗粒中几乎整个内部都可见到裂痕,大大提高了物料的易磨性。

立式冲击破碎机主要是利用高速抛出的物料与反弹回来的物料相互碰撞而粉碎,

它可破碎硬脆和磨蚀性大的物料，产品细度主要取决于加料粒度和转子的速度，易损件的磨损对产品质量影响不大。立式冲击破碎机能将物料破碎到小于 2.5mm 颗粒达 80%～90%；小于 0.09mm 的细粉量可以达到 30%～40%。对喂料状况和稳定性等工艺要求不高，对金属异物不像前两种那样敏感。

4.13　辊压机配置不同入磨物料粒度分布情况

对同一台磨机而言，辊压机配置偏大，入磨物料细粉比例大，系统产量高；相反，则系统产量低。辊压机配置偏小，物料细粉含量约为 35%～50%，配置偏大，细粉含量可高达 60%～80%。表 4-2 为某实际不同辊压机配置时入磨物料粒度分布情况。实践证明：在球磨机规格及装机功率相同的条件下，辊压机处理量大，挤压做功越多，入磨物料细粉比例越大，管磨机粉磨能力越好，创造的合格品量越多；同时，配用选粉机规格大，系统产量发挥好，粉磨电耗低。

表 4-2　不同辊压机配置时入磨物料粒度分布

筛孔尺寸/mm	>3.2	2.5~3.2	2.0~2.5	1.8~2.0	0.8~1.8	0.36~0.8	0.18~0.36	0.08~0.18	<0.08
辊压机配置小	4.60	4.50	4.25	3.95	8.85	12.45	9.10	8.86	43.44
辊压机配置大	—	—	—	0.02	0.26	1.30	3.14	16.20	79.08

4.14　辊压机预粉磨系统流程

图 4-10 为辊压机预粉磨系统工艺流程图，其特点：工艺流程简单，预粉磨单元与球磨单元可以分开布置，适合需增产的老线改造。采用辊压机预粉磨后可提高球磨机产量约 25% 以上，降低水泥粉磨电耗约 3～5kWh/t，即节电约 20% 左右。预粉磨系统中，辊压机通过量与成品量比值一般按 2～2.5 考虑，辊压机小、球磨机大，压力为 7500～8000kN/m²。

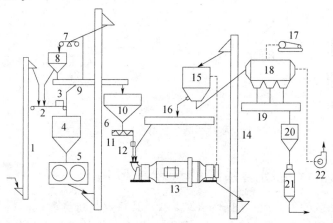

图 4-10　辊压机预粉磨系统工艺流程图

1—提升机；2—皮带机；3—除铁器；4—稳流称重仓；5—辊压机；6—提升机；7—料杆称；8—打散分级机；
9—链运机；10—磨头仓；11—双管螺旋喂料机；12—冲板流量计；13—球磨机；14—提升机；
15—高效选粉机；16—链运机；17—移动式空压机；18—气箱脉冲带式收尘器；
19—链运机；20—中间仓；21—气化射流器；22—主排风机

需要指出的是，预粉磨系统生产能力提高和电耗下降的幅度除了与采用的具体流程有关外，与所选用的选粉机性能也有直接的关系。

4.15　辊压机联合粉磨系统的选粉机应用

联合粉磨系统是将挤压后的物料（包括料饼）先经打散分级机或 V 型选粉机分选，小于一定粒径的半成品（一般小于 0.5～3mm）送入球磨机粉磨，粗颗粒返回辊压机再次挤压。球磨机系统可以开路，也可以闭路。通过打散分级机或 V 型选粉机控制入球磨机的物料最大粒径，辊压机和球磨机所承担的粉碎功能界限很明确，可以通过优化各自的操作参数，使整个系统达到最佳的运行状态。

这种流程的特点是系统工艺相对复杂，辊压机与球磨机同步运行，因此对辊压机的运转率要求高。由于出辊压机的物料成饼状，所以与其相配套的选粉机需具备打散功能。基本消除了磨辊边缘效应和进料装置侧挡板磨损所产生的不利影响。所有的成品可完全通过球磨机再次粉磨完成，产品颗粒分布宽、微粉含量高。采用大辊压机，小球磨配置方案，用低压大循环的操作方式，辊压机通过量与成品量比值一般在 3～5.5 之间。提高球磨机产量幅度一般在 50% 以上，与普通球磨相比，水泥粉磨电耗降低幅度可超过 30%（8～10kWh/t）。辊压力为 5000～7500kN/m²。其工艺流程如图 4-11 所示。

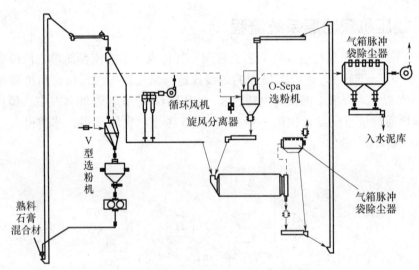

图 4-11　辊压机联合粉磨系统的工艺流程图

4.16　辊压机混合粉磨系统的选粉机应用

混合粉磨系统的工艺流程如图 4-12 所示，其特点是将选粉机回料分成两部分：一部分与辊压机出料一起入磨粉磨，另一部分送到辊压机的进料中与新料一起进行挤压。主要目的在于调整辊压机入料的粒度，同时由于粗粉中多为难磨物料，再次挤压后将改善其易磨性。这种系统的能力提高比较大，对辊压机稳定操作有良好的作用，所以在国内外应用都比较广泛。一般来说，可使系统的产量提高 30%～100%，单位产品电耗降低 15%～50%。

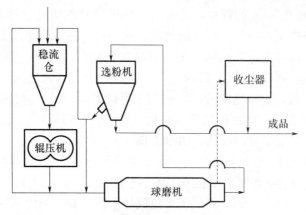

图 4-12　混合粉磨系统的工艺流程图

但由于辊压机的通过量一般大于球磨系统产量，循环负荷在磨机系统启动后逐步上升，需经过较长一段时间后才能达到平衡。为了系统操作简单化，必须设有料饼回料系统，使系统在启动后的一段时间内，主要依靠料饼回料来调整系统料流的平衡。混合粉磨系统辊压机的操作应在保证料流平衡的前提下，尽可能多回选粉机的粗粉，以改善物料的易磨性。在系统调试时都应综合考虑料饼回料与选粉机回粉所占比例，以求达到最佳操作状态。

4.17　辊压机半终粉磨系统选粉机的应用

半终粉磨系统是将辊压机挤压后的物料经打散送入选粉机选出一部分成品，选粉机的粗粉进入球磨机继续粉磨，这部分成品未经过球磨机而直接由辊压机和选粉机产生，这种系统必然是带选粉机的闭路系统，如图 4-13 所示。

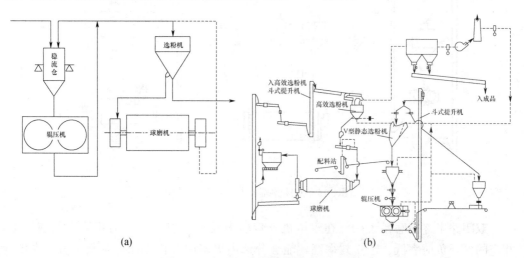

(a)　　　　　　　　　　　　　　　　　　(b)

图 4-13　辊压机半终粉磨系统工艺流程
（a）不带 V 型选粉机的工艺流程；（b）带 V 型选粉机的工艺流程

由图 4-13（a）可以看出，系统中的选粉机进料中包含了辊压机挤压后经打散的物料和球磨机的出料两部分物料。由于辊压机系统的出料中成品含量仅为 30% 左右，并且有 10％～25％大于 3mm 的颗粒，造成入选粉机物料的成品含量降低，粒度分布加宽。在相同产量条件下，由于处理量的加大，而不得不加大选粉机的规格。为了改变这种状况，就要求提高进选粉机物料中的成品含量比例，因而，辊压机操作时应采用高压小循环的方式，同时还应注意进料装置侧挡板的磨损，以防止未经充分挤压的物料过多地进入选粉机，影响选粉效率，加剧选粉机磨损。另一方法是在出辊压机后对物料进行分选，在辊压机后加上 V 型选粉机，较粗的物料返回辊压机，较细的物料进入选粉机。这也是目前通常的做法，如图 4-13（b）所示。

　　该系统的特点是将辊压机挤压后已产生的成品细粉直接选出，避免送入球磨继续粉磨，减少了水泥磨内过粉磨现象，也有效地提高了系统产量。辊压机半终粉磨产量比联合粉磨产量可提高 15％～20％，降低了单位成品水泥电耗。但由于选粉机处理量加大，势必会加大选粉机的规格，后续收尘器和风机规格也需同步加大，即在系统产量提高及单位电耗降低的同时，会增加系统设备投资费用及运行费用，所生产的产品颗粒分布相对集中，而对于有一定颗粒级配要求的水泥成品来说稍显不足，产品需水量较大。

4.18　双闭路辊压机半终粉磨系统

　　辊压机半终粉磨系统中，入选粉机物料的成品含量降低，粒度分布加宽，需加大选粉机的规格，为了防止粗颗粒物料对选粉机的影响，出现了一种辊压机独立带选粉机的双闭路半终粉磨系统，如图 4-14 所示。它将辊压机挤压后的物料经选粉机选出来的细粉直接作为成品，粗颗粒被分出后返回辊压机再次挤压，从而提高了磨机选粉机的寿命。

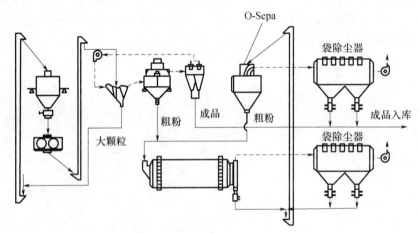

图 4-14　双闭路辊压机半终粉磨系统

　　双闭路半终粉磨系统中，在辊压机处理能力及球磨机粉磨能力相适应的前提下，相应的循环负荷率低、选粉效率高，能够分选出更多的合格成品，有利于整个系统能力的发挥，系统产量可大幅度提高。

4.19　外循环水泥立磨预粉磨系统

　　充分利用辊式磨的高效粉碎与粉磨原理，结合球磨机最终加工水泥的研磨工艺，外循环水泥立磨预粉磨系统有"立磨＋普通 V 选＋球磨机"水泥预粉磨系统、"立磨＋普通 V 选＋精选＋球磨机"水泥预粉磨系统 ［图 4-15（a）］和"立磨＋振动筛＋球磨机"水泥预粉磨系统 ［图 4-15（b）］等形式。该系统的特点是：立磨本体不带选粉机和喷嘴环；水泥熟料等物料从磨盘中央上方喂入，借助离心力和摩擦力逐步向磨盘边缘移动，并被磨盘上的磨辊咬住，处于磨辊与磨盘之间粉磨区的物料不仅受挤压力作用，还受到相对速度造成的剪切力作用，使得物料得到高效粉磨，细粉量高、松散状的粉体物料通过离心力抛出，经刮板刮出从立磨斜下方的排料口排出。较多的细粉量减轻了后续球磨机的粉磨负担，松散状的粉体为后续打散分级节省了风量与电耗；外循环立磨减小了后续选粉气体阻力，间接地节省了风机投资和选粉电耗。

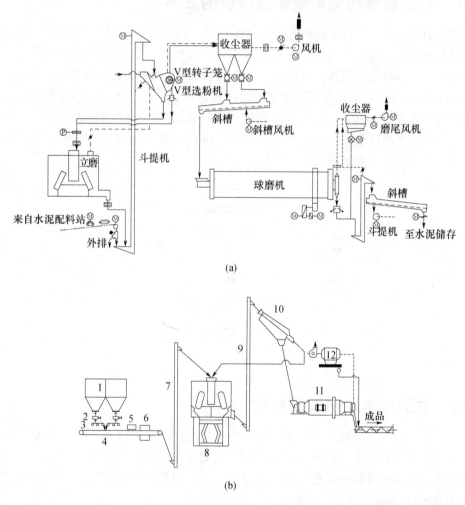

图 4-15　外循环水泥立磨预粉磨系统工艺流程示意图
（a）"立磨＋普通 V 型＋精选＋球磨机"水泥预粉磨系统；（b）"立磨＋振动带＋球磨机"水泥预粉磨系统
1—料仓；2—阀门；3—皮带秤；4—皮带机；5—除铁器；6—金属探测仪；7—斗提机；
8—立磨；9—斗提机；10—振动筛；11—高细磨；12—收尘器

"立磨＋普通 V 选＋精选＋球磨机"水泥预粉磨系统工艺流程如下：来自水泥配料站的物料经过配料皮带、循环斗提机喂入带精细选粉转子笼的 V 型选粉机，经过 V 型选粉机初步选粉后，细粉经过收尘器收集喂入后续球磨机，粗粉喂入外循环水泥立磨，经过立磨碾压后，与来自配料站的新鲜物料一起经过循环斗提机喂入带精细选粉转子笼的 V 型选粉机进行颗粒分级，细粉喂入球磨机系统，粗粉返回立磨进行循环粉磨。本系统将 V 型选粉机与精细选粉机结合成一个整体，组成带精细选粉转子笼的 V 型选粉机；在立磨上方设置应急储备小仓，以防循环斗提在紧急状况下被压死；在配料皮带上设置除铁器和金属探测仪，金属探测仪设置在入循环斗提机的溜子前皮带机头部附近，溜子设置三通分料阀与外排装置，为使得除铁器有较好的除铁效果，将除铁器下方的皮带机托辊设置为平托辊。

4.20 辊压机终粉磨系统中选粉机的应用

辊压机终粉磨系统是由高效选粉机与辊压机直接组成，如图 4-16 所示。这种粉磨系统没有球磨机，由辊压机代替了粉磨效率低的球磨机，全部物料都是利用料层粉碎机来粉碎的，所以效率很高，电耗很低。单位电耗可降低到各种传统粉磨系统的 1/3～1/2，在这种系统中，必须采用性能优越的高效选粉机才能实现，就节能来说这是目前较先进的粉磨系统。但是，应用这种系统粉磨的成品颗粒形状球形系数小，扁平状颗粒多，导致水泥质量和性能相对较差，目前，这种流程没有用于粉磨水泥实现工程应用，但有作为生料终粉磨系统。

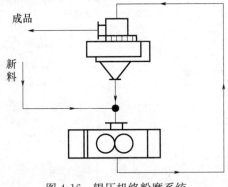

图 4-16 辊压机终粉磨系统

4.21 立磨作水泥终粉磨系统

内循环（自带选粉机）立磨终粉磨系统工艺流程如图 4-17 所示，立磨终粉磨系统已经成为粉磨生料、煤、矿渣及火山灰的主要粉磨系统，作为终粉磨水泥熟料还不普遍。对水泥立磨终粉磨系统进行了大量研究，通过试验、生产应用取得了很好的节能和使用效果。

水泥终粉磨系统有如下特点：（1）节电，电耗大约是球磨机的 70%，比目前普遍采用的辊压机＋球磨系统节约电耗 4kWh/t；（2）单机能力大，占地面积小；（3）水泥产品工作性能不亚于辊压机＋球磨系统生产的水泥；（4）水泥立磨终粉磨系统工艺流程简单、机电设备数量少，系统运行稳定；（5）水泥立磨终粉磨系统还对原料水分高、易磨性差的原料适应性更强；（6）易于水泥品种更换，出磨水泥成品温度较低。

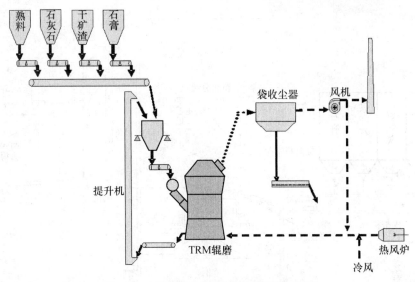

图 4-17 不带独立选粉机立磨终粉磨系统

4.22 外循环立磨终粉磨系统

立磨是一种风扫磨，所有被粉磨物料均由风输送，相对而言物料输送的能耗较大。取消立磨内的选粉机，将物料输送改为机械输送，与独立选粉机组成外循环终粉磨系统，可达到节能降耗的目的。图 4-18 是由立磨、自流振动筛和选粉机组成的外循环终粉磨工艺系统，采用自流振动筛将细颗粒物料输送给选粉机选粉，粗颗粒的粉料回到立磨重新粉磨，并对物料间隙进行填充以增加物料的密度及比重，物料体积收缩率减小，稳定料层厚度，避免金属的碰撞，减少立磨的振动，增加施压能力，提高粉磨效果。图 4-19 是由立磨、粗粉分级机和高效选粉机组成的外循环终粉磨工艺系统，采用粗粉分级机将细颗粒物料输送给高效选粉机选粉，选出的粗颗粒与选粉机出来的粗粉回到立磨重新粉磨，稳定料层厚度，避免金属的碰撞，减少立磨的振动，增加施压能力，提高粉磨效果。

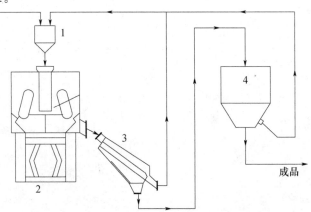

图 4-18 带自流筛和独立选粉机的立磨终粉磨系统

1—给料仓；2—立磨；3—振动筛；4—选粉机

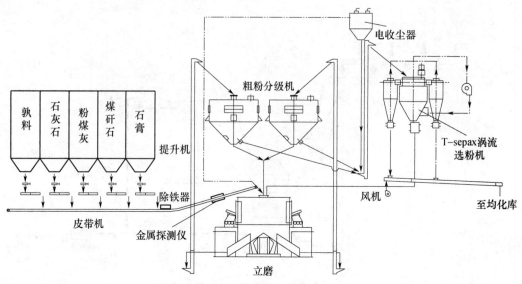

图 4-19　带独立选粉机的立磨终粉磨系统

　　以上两种流程有效解决选粉机的循环负荷量，缩小选粉机及配套风机的规格，其选粉机、风机及所配电动机均由大变少，减少投资，节能降耗。

第 5 章 选粉机操作技术及维护

5.1 正确认识选粉效率低

当开路粉磨改为闭路粉磨系统时，往往因为达不到预计产量，而认为选粉机选粉效率低、结构不合理。其实，不能单纯以选粉机产量的高低来衡量选粉机效率的高低。因为选粉效率是指成品量中能通过指定筛孔的筛余量与选粉机喂料量中能通过指定筛孔筛余量之比，它是一个系统问题，与磨机的产量、出磨细度、磨内的通风等诸多因素有关。离心式选粉机选粉效率一般在 50％～60％、旋风式选粉机选粉效率一般在 50％～70％、O-Sepa 选粉机的选粉效率可在 80％以上。在一定喂料量和一定产品细度的前提下，选粉机选出的成品量多，选粉效率则高；选出的成品量少，选粉效率则低，选粉效率与选粉机的产量成正比。但如果磨机的出料量高，出磨成品较粗，选粉机产量则较低；磨机的出料量低，出磨成品过细，同样选粉机产量则低；粉磨系统产量低并不能说明选粉效率低，因为选粉机只起选出合格品的作用而不起粉磨作用。

另外，磨内通风效果也直接影响选粉效率。通风效果好，出磨时，物料的残余水分很快蒸发，当经选粉机选粉时，合格的产品很容易被分离出去，选粉效率就高；通风效果差，出磨时，物料的水分不易被蒸发，粗细物料粘在一起形成一定的料层，这样经选粉机选粉时，细粉很难被上升的气流分离出去，大部分细粉又随粗粉返回到磨机中，不但选粉效率低，而且磨机产量低、电耗高，通风效果差，还可能造成选粉机内筒体产生结露现象。

5.2 粗粉分离器产品细度的调整

粗粉分离器产品细度一般的调整方法是：

（1）改变气流速度。气流速度低，选出的细粉就细；反之，选出的细粉就粗。在日常操作中，若较大幅度地改变气流速度，需要结合粉磨系统的循环风量进行调整，所以一般不宜经常变动。

（2）改变导风叶片的角度。导风叶片与轴点处圆的切线角度越大，气流的离心作用就越小，选出的细粉越粗；反之，夹角越小，则选出的细粉越细。在操作中扳动调节轮便可改变导风叶片的角度。

5.3 粗粉分离器的维护

为保证粉磨系统设备的安全运行，在操作中必须加强检查维护。

① 检查调节叶片、手轮及杆，并使其调节灵活；

② 检查其防爆阀是否严密，阀片选用是否合适（应经过压力试验）；

③ 检查出料管及下料阀门，并使其动作灵活，下料畅通；

④ 检查进气管道的连接法兰处是否严密，有无漏风现象；

⑤ 检查内外壳体的磨损情况，做好记录；

⑥ 检查各监测点的温度、应力等仪表，并保证正常的灵敏度；

⑦ 及时涂补或重新刷除外壳及进、出管道上已脱落的保护涂层；

⑧ 用于烘干兼粉磨生料系统的粗粉分离器，应特别注意机体和管道部分的积灰情况，注意清除积灰，保持通畅。

5.4   离心式选粉机主风叶（大风叶）的作用

离心式选粉机主风叶的主要作用是产生循环风。由于循环风量决定了内部上升气流的速度，因此，主风叶片数和规格的变动，对产品细度的控制有很大的影响。

主风叶一般有长主风叶和短主风叶两种规格。其中，长主风叶的回转直径大，产生的循环风量大。主风叶片安装得多，产生的循环风量大；安装得少，循环风量小。

选粉机产品的细度大小，也受主风叶安装数目和规格的影响。当增加叶片数或加大回转直径时，产品细度变粗；反之，则产品细度变细。因此合理地选择大风叶片数，能在较大范围内调整选粉机产品级度和选粉能力；由于它的变动对产品细度影响较大，因此在生产中，要求产品细度变动不大的情况下，一般不调整大风叶片数。

5.5   选粉机撒料盘的作用及对选粉效率的影响

选粉机撒料盘是借立轴的转动，使物料向四周分散。物料离开撒料盘后，受离心力作用向内壳壁抛去，形成了一层料幕，循环风从下部上升时，冲击这个料幕，使粗细物料开始分离。物料分散的程度对粗细物料的分离效果有很大影响，而撒料盘的回转速度直接影响物料分散程度，物料撒出速度过高时，会增加细物料碰撞内壳壁的机会，使选粉效率降低；反之，撒出速度过低时，会将粗细物料粘在一起，不易分离，同样会降低选粉效率。为了提高选粉机的选粉效率，将撒料盘改为螺旋叶片式或增加螺旋风叶，对提高磨机产量、降低电耗具有良好效果。

5.6   离心式选粉机产品细度如何调节

调节产品细度的方法很多，采用方法就遵循有利于选粉机分选的性能提高和磨机粉磨效率的提高的原则来确定。常用下列方法进行调整：

① 增加或减少辅助风叶（小风叶）的片数；

② 增加或减少主风叶（大风叶）的片数；

③ 调节挡风片能也能调节产品细度。当打进挡风片时，产品系列度变细；反之，产品细度变粗。但是这种调整方法只有在产品细度变动不大时才有效。如要求产品细度变动较大，就需停机调整辅助风叶，甚至调整主风叶的片数；

④ 改变选粉机喂入物料的细度（可通过改变磨机的喂料量和调整研磨体级配来获得）并注意传动三角带的松紧。

5.7   如何调整离心式选粉机的主风叶

选粉机产品的细度大小，受主风叶的规格和安装数目的影响。当增加主风叶片数或增大回转直径时，产品细度变粗；反之，产品细度变细。需要注意的是，安装时大风叶的回转直径与规格必须一致，在增加或减少大风叶时，必须对称增减，目的是为了保证回转部分的平衡，以保证选粉机的平稳运行。

5.8　离心式选粉机机体振动的原因及处理方法

选粉机的机体振动，通常由以下原因造成：

（1）选粉机的基础强度和刚度不够。许多水泥厂在技改过程中，由开路系统直接改成闭路系统，忽视了选粉机的基础，从而引起选粉机机体振动。对于这种情况，水泥厂可采取加固选粉机的基础予以解决。

（2）安装精度不高。若电动机与减速器的同轴度误差较大，而电动机是用联轴器与减速器相连，减速器与选粉机上盖直接连接，减速器振动，便引起选粉机机体振动。解决这一问题的办法是：先松开联轴器上的连接螺栓和电动机与底座上的连接螺栓，移动电动机，把电动机和减速器上的联轴器卸下来，然后在减速器输入轴上装一只百分表，百分表测头靠在电动机轴上，用垫铁调整电动机，旋转电动机轴头，使百分表上的数据不大于 0.8mm，再装上联轴器，拧紧所有螺栓即可。

（3）转子不平衡。转子的平衡与否，对选粉机的振动影响很大，尤其是直径大于4m 的离心式选粉机；大多是采用大、小风轮的结构，使用一段时间后，大、小风轮变形，或风轮叶片磨损不均，由于大风轮的回转直径较大，稍有不平衡，离心力就很大，引起机体振动。解决的办法是先调整大、小风轮，如效果不明显，可在大风轮上加配重，配重的大小及位置可根据情况而定。

5.9　离心式选粉机产品细度的控制

离心式选粉机产品细度的控制可通过以下方法：

（1）调节选粉机的循环风量。循环风量的大小，主要是靠调节大、小风叶的数量获得。当选粉机选出的成品较粗时，减少大、小风叶的数量，可降低选粉机内向上的循环风量，使产品的细度降低。此外，也可采用改变小风叶的形式来调节循环风量，在内筒体中当小风叶部产生向下的循环气流时，可减少较粗颗粒被带出内筒体的机会，同时也提高了选粉效率。

（2）调节物料的出磨细度。物料的出磨细度主要与研磨体的级配和磨内的通风量有关。磨机研磨体的填充率一般在 30%～35%，填充率小，研磨体与物料间的研磨能力小，而物料的流速较快，导致出磨成品粗。这种情况可采取适当减少大球、增加小球，使研磨体间的间隙变小，降低物料在磨内的流速，延长研磨时间，使出磨细度降低。但填充率过大，会造成过粉磨现象，增加磨机电耗。磨内通风量也直接影响磨机的出磨细度。闭路系统磨内的风速一般在 0.3～0.7m/s 范围内，风速过快，出磨产品粒度粗；风速过慢，磨内的细粉又不易被带出，影响磨机的产量，这时可在循环风机的入口和旁路风管处设置控制阀门，通过调节阀门的开度，可控制循环风量和磨内的通风量。

5.10　选粉机卸料管漏风原因及处理办法

漏风原因：① 选粉机系统锁风不好；② 卸料管长期受到粉尘冲刷、磨损，致使在管壁穿洞、连接处密封失效。

处理办法：① 经常检查选粉机锁风装置是否正常，发现问题及时排除；② 对于磨损比较严重的卸料管要及时予以更换或焊补，防止漏风；③ 在选粉机粗粒粉卸料管和选粉机进料提升机之间，增加一根连通管排入提升机。

5.11　选粉机电流突然波动较大的原因及解决措施

原因：① 上部或下部的轴承烧坏，运转不灵活；② 涨圈变形，断脱卡死；③ 选粉机撒料盘或风叶有机械故障；④ 喂料中混有大块杂物，喂料处堵塞；⑤ 速度控制器故障；⑥ 立轴下端大螺帽松动，撒料盘也下降；⑦ 电机电气故障。

解决措施：① 更换轴承、涨圈；② 检修撒料盘或风叶；③ 清除堵塞；④ 检修速度控制器；⑤ 拧紧大螺帽；⑥ 通知电工检查、维修电机。

5.12　正常运转中，选粉机电流突然增大，产生的原因是什么？怎样处理

正常运转中，选粉机电流突然增大，产生的原因可能是：下部或上部滚动轴承磨损严重；涨团变形，断脱卡死；喂料中混入的大块物料塞死撒料盘上部出口处，立轴下端大螺帽松动，撒料盘下降。

处理方法：根据具体情况，采取相应的措施，检查更换轴承，涨团，消除杂物，拧紧大螺帽。

5.13　影响旋风式选粉机选粉效率的因素有哪些？怎样影响

影响旋风式选粉效率的因素有：

（1）选粉机转速。选粉机转速高时，物料在选粉机内分散得薄而均匀，细粉被选出，其选粉效率就高；

（2）循环风机挡板开度。循环风机挡板开度的大小不同，循环风量不同，因而选粉虽有大有小，其效率不一样；

（3）选粉机进粉量。进粉量过大，选粉效率差，进粉量小，选粉效率好一些。

5.14　旋风式选粉机产品细度如何进行调节

旋风式选粉机产品细度可通过以下三种方法调节：

（1）调节主轴转速。改变主轴转速就是改变辅助风叶和撒料盘的转速，加快转速，产品细度就细；反之，产品细度就粗。

（2）改变辅助风叶的片数。增加辅助风叶的片数，产品细度变细；反之，产品细度变粗。

（3）改变选粉室上升气流速度。提高上升气流速度，能使产品细度变粗；反之，使产品细度变细。通常是改变支风管的闸门开启的大小来改变选粉室上升气流速度。支风管闸门开时，产品细度变细；反之，产品细度变粗。

5.15　旋风式选粉机粗粉和细粉的出口为什么要安装锁风装置

旋风式选粉机进风口锥体处在正压状态，从这里到粗粉排出口部分，如发生大量

风向外泄漏，不但会造成车间粉尘飞扬，而且也破坏了循环气流的平衡与稳定，使循环风量降低，选粉效率也将大幅度下降，从而破坏磨机与选粉机间平衡，直接影响生产效率。另外，细粉的收集为旋风收尘器，如细粉出口负压区发生漏风，分离效率会大大降低，直接影响细粉的收集。因此，旋风式选粉机粗粉和细粉的出口必须安装锁风装置。

5.16　旋风式选粉机的工况对产品细度的影响

（1）外部循环风量的大小。外部循环风量影响因素主要有两个方面，即：风机转速和主风管上阀门的开度。在主风管支风管阀门开度一定的前提下，当风机转速提高，则进入选粉室风量增大，产品细度变粗；反之，产品细度变细。当支风管阀门开度、风机转速一定时，主风管阀门开度变大，系统风量增加，当然，进入选粉室的风量增加，产品变粗；反之，产品细度变细。

（2）支风管开度。在其他因素（风机转速、主风管阀门开度、喂料量及喂入产品细度等）不变的前提下，若支风管阀门开度大，则支风管中的流量增加，进入选粉室的风量减少，则产品变细，产量降低；反之，产品细度组，产量高。

（3）喂入选粉机的物料量及细度。假定风机转速、主风管阀门、支气管阀门开度不变，喂入选粉机物料的细度不变，若喂料量变化，产品细度也会发生变化。当喂料量增加时，因进入选粉室的风量一定，也就是说其带料能力是一定的。这时候，产品细度变细，产量不会提高太多；反之，若选粉机喂料量减少，因选粉室风量一定，其带料能力相对来讲强，能把较粗的物料带到旋风管中进行分离，这样会使产品变粗，选粉机产量下降不明显，这就是实际生产中，若磨机产量波动，就会影响到产品细度的原因。出磨物料的细度同样影响选粉机的细度，其他条件不变，若出磨物料粗，因选粉室风量不变，会使产品变粗，若出磨物料细，则选粉机产品细，但其选粉效率低。

（4）出磨物料的水分。对于生料圈流粉磨系统而言，若磨内通风情况不好，物料水分大，不仅使磨机产量降低、电耗增加，而且影响选粉效率。当磨内通风效果差时，物料内的残余水分不能蒸发，物料粘结，使选粉室内物料分级困难，造成选粉效率下降，影响其细度。

5.17　旋风式选粉机的机械问题对产品细度的影响

旋风式选粉机是靠外部循环气流进行工作的，稳定的循环风量是其工作稳定的前提，所以系统应搞好密封。特别强调的是选粉机粗、细粉管出口处的锁风，若粗粉管处锁风效果差，出现冒灰，使进入选粉室风量变小，使产品变细，产量降低，且引起污染。若选粉机细粉管锁风效果差，使旋风管分离效率下降，一部分细粉通过风机层不稳定。

5.18　怎样提高旋风式选粉机的选粉效率

① 提高选粉机转速保证物料散布均匀；② 保持合理的风叶个数，使粗颗粒物料少量进入成品中；③ 控制合理的循环风量；④ 搞好锁风挡板的密封。

5.19 如何正确操作旋风式选粉机

旋风式选粉机操作应考虑以下几方面：

① 选粉机的循环负荷应控制在 $100\% \sim 150\%$ 为适量；

② 产品细度主要由主轴转速来调节，其次调节小风叶的片数；

③ 采用全风操作降低选粉机的选粉浓度，回风管闸门应全开或拆除。在调节产品细度时，支风管可少开；

④ 稳定旋风式选粉机循环风量是保证选粉机正常操作，提高磨机产、质量的重要措施。在生产中选粉机循环风量变化应注意四点：一是通风机采用三角皮带传动时，转速要稳定，通风机转速降低，选粉机内部循环风量减少；二是通风机叶轮磨损情况，叶片磨损呈现缺口时风量减少，易产生振动；三是通风机的风量，随管路中阻力的大小而变化。管路阻力包括选粉机内部通道、旋风筒和风管三部分阻力的总和，约为 $1.47kPa$。必须保持管路中总阻力不变，风机的风量才能保持稳定；四是选粉机粗粉和细粉的出口安装锁风装置防止漏风。

⑤ 选粉机选型时规格要满足磨机不同产品细度时的最大产量要求。

5.20 旋风式选粉机的辅助风叶改为分级圈

旋风式选粉机的辅助风叶可以改成分级圈，分级圈替代原辅助风叶起分离作用，拆除原辅助风叶，分级圈由上、下盘组成，固定在原风叶座上（图5-1）。分级圈高速旋转，产生强大的旋流及切向剪切作用，使物料分散性好且分级强度高。在分级圈上部设置盖风筒，固定在选粉机壳体上，防止气流从分级圈与选粉机壳体间通过，迫使气流从分级圈通过。在分级圈上盘外侧均匀设置若干片小风叶，小风叶随分级圈高速运转，形成正压，使气流从分级圈通过，防止短路。在选粉室锥体部位增设锥形内筒，提高该处风速，避免了塌料。

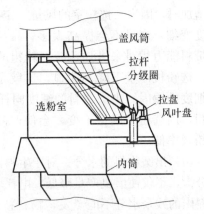

图5-1 选粉机选粉室改造后结构示意图

5.21 影响涡流空气选粉机（O-Sepa）分级性能的操作条件

涡流空气选粉机中最重要的操作参数包括：进料速度、转笼转速和风量。当选粉机结构尺寸确定后，在分级过程中，通常调整以上三个参数，以达到不同的分级目的。为了提高分级效率与分级精度，三者的选择必须遵循以下原则：

（1）进料速度

进料速度是指单位时间内进入到涡流空气选粉机中的物料量。其值的大小决定了选粉机的粉体处理量和产量，而且也是影响选粉机分级性能最重要的因素之一。从节能角度讲，应尽量增大进料速度，即增加处理量和产量。但在分级过程中，当其他操作参数不变时，随着进料速度的增加，分级效率和分级精度下降。这是因为当进料速度增加，选粉机内固体颗粒浓度（单位风量中的物料量）增大时，粗细颗粒之间的碰撞、团聚现象加剧，导致物料分散性变差，粗、细颗粒相互混杂量增加。因此在涡流空气选粉机选型和操作时，不能单纯以增大处理量为目的，而应考虑在气流介质中适宜的颗粒浓度。

（2）转笼转速

转笼转速是涡流空气选粉机操作中最重要的参数之一，转笼转速的大小会直接影响到整个选粉机的分级性能。当颗粒及空气的物理性质和选粉机结构与进风量一定时，分级粒径的大小完全由该处的气流切向速度确定，而气流切向速度随转笼转速的提高而增加。因此从理论上来说：随着转笼转速的提高，分级粒径呈明显降低趋势。

转笼转速虽然对分级性能有很大的影响，但转速的提高也不是无止境的，首先它受到机械本身的限制，转速太高对设备的加工和运转都会带来问题；其次，从流场对分级性能的影响来看，当转笼转速升高达到某一转速范围时，会使叶片间流场的湍流度增大，颗粒的分级受到影响，分级效率下降。调高笼形转子的转速可以绝对地减小成品颗粒细度，但水泥颗粒的理想状况是 $3\sim30\mu m$ 的颗粒占总量的绝大部分，而不是仅仅要求成品颗粒越小就越好。因而提高笼形转子的转速，不应过于盲目，而是应根据对水泥产品的实际粒径需求以及生产成本和效率综合考量。而不是简单地增加转速以达到超细分级目的。

（3）风量

风量是指单位时间内由两侧进风口进入到选粉机中的空气量。它也是涡流空气选粉机操作中重要的工艺参数之一。一方面，风量的大小直接影响分级粒径的大小。由选粉机理可知：当风量增大时，气流给颗粒的黏滞力就越大，部分粗粉物料可能被带到细粉中，细粉的粒度就会增大，导致分级粒径增加。所以从这一角度考虑，往往不希望增大风量。但另一方面，风量的大小还决定了气流承载物料的能力，如果风量太小，则气流不能在分级区域内产生足够的负压，不利于细粉的迅速排出，也影响涡流空气选粉机的产量和分级效果。因此，涡流空气选粉机的风量必须要选取一个最佳值，并且要与转速配合以达到好的分级效果。从分级的实际过程看，最好是在风量和转速都较高的情况下进行分级。因为风量太小不利于物料的输送，而转速太小又不能分离出微细颗粒。

（4）温度

实际工况温度往往比标况温度高，选粉机的实际工况温度一般在 $80\sim100℃$。而由热胀冷缩原理可知，选粉机内的气体的体积会随着温度变化而变化，而气体体积的变化会影响风量的变化，风量受温度的影响可以由式（5-1）来计算。

$$Q=\frac{Q_{\rm N}\times(273+t)}{273} \tag{5-1}$$

式中　Q——温度为 t 的工况下的风量，m^3/min；

　　　$Q_{\rm N}$——标况下的风量，m^3/min；

　　　t——气体的工况温度，℃。

（5）循环负荷

选粉机的循环负荷是影响选粉机功率配置的一个重要因素，在圈流粉磨系统中确定合适的循环负荷率是节能降耗的关键指标，选粉机循环负荷越大，选粉机的功耗也就越大。选粉机的生产能力与选粉机的喂料浓度成正比，而喂料量与系统的循环负荷有关，循环负荷越大，则喂料量越大，根据 O-Sepa 选粉机的生产能力公式可得到，其生产能力就越强，其对应功耗相应地就越大。

5.22　O-Sepa 选粉机产品细度调节

（1）比表面积的控制。O-Sepa 选粉机成品比表面积的控制可以通过控制选粉风量来实现，当通过选粉机的风量小于其设定值时，产量由于选粉效率偏低而减少，当通过选粉机的风量大于设定值时，则很难获得设定的比表面积值。同时，由于颗粒分布变窄，对水泥的早期强度不利。因此，一般情况下单独使用改变风量来控制水泥比表面积的方法较少，主要通过调整 O-Sepa 选粉机主轴转速来控制。转速和产品比表面积之间的关系可用下式确定。V_R 每增加或减小 0.65m/s，比表面积增加或减小 $100\text{cm}^2/\text{g}$，30 目筛余减小或增加 $1.2\% \sim 1.4\%$。

$$V_R = D \times 3.14R/60 \tag{5-2}$$

式中　V_R——转笼圆周速度，m/s；

　　　　D——转笼直径，m；

　　　　R——转速，min。由此可见转笼直径对比表面积有较大影响，转笼速度加快，比表面积将增大。

（2）成品细度的控制。生产中，通过调整系统风机阀门来实现，产品粗时应关小系统风机风门，降低风量；否则，相反。

（3）比面积与细度的调整。在生产过程中，要想同时获得满意的比表面积与细度，仅靠调整选粉机转速是不够的。均匀性系数 n 值越大，物料颗粒分布范围越窄，颗粒越均匀，则比表面积 S 越小。对 O-Sepa 选粉机来说，在转速一定的情况下，加大系统风量，较多的粗颗粒进入成品，成品细度变粗，n 值减小；在风量不变的情况下，加快转笼速度，成品将变细，n 值变大。在实际操作中，表现为有时当细度细时，比表面积并不高，而有时在细度粗时，比表面积反而高，水泥比表面积与细度不一定呈线性关系。以 P·O42.5 级水泥比表面积调整为例，有人认为细度细，比表面积一定高，一味提高转速，降低风量，结果回料增大，导致投料量减少；同时，由于投料量少，风速慢，物料在磨内停留时间长，出磨颗粒相对较均匀，而不能有效提高比面积。由此可见，选粉机转速的调节，要结合实际情况，在磨机工况、选粉风量的配合下，适当控制转笼转速，才能达到满意的效果。表 5-1 为 O-Sepa 选粉机选粉机比表面积和细度的调节方法。从表 5-1 可以看出，采用上述两种方法，可以达到控制比面积和细度的目的。

表 5-1　O-Sepa 选粉机比表面积和细度的调节方法

序号	比表面积	细度	转速风量调节
1	过小	过粗	提高转速、降低风量
2	过小	正常	提高转速
3	过小	过细	提高转速、增加风量

续表

序号	比表面积	细度	转速风量调节
4	正常	过粗	降低风量
5	正常	正常	—
6	正常	过细	—
7	过大	过粗	降低转速、降低风量
8	过大	正常	降低转速
9	过大	过细	降低转速、增加风量

5.23 O-Sepa 选粉机各次风量的调整对系统工况的影响

通过 O-Sepa 选粉机的风量主要来自一次风（水泥磨含尘气体，占总风量的 70%～80%）、二次风（提升机等含尘气体，占总风量的 20% 左右）、三次风（清洁空气，占总风量的 10% 左右）。在生产过程中，控制粗粉回料量，调整选粉效率、循环负荷除靠调整选粉转速、风机阀门外，还要合理调节选粉机一、二、三次风。一般情况下，在其他系统条件不变的情况下，一次风开大，磨内通风增强，物料流速加快，磨尾负压绝对值升高；二次风、三次风开大，磨内通风量减少，磨尾负压绝对值降低，但二、三次风只起微调作用。选粉机各次风量调整对磨机系统工况的影响见表 5-2。从表 5-2 中可看出，合理调整一、二、三次风风量对稳定磨机工况有至关重要的影响。

表 5-2 选粉机各次风量调整对磨机系统工况的影响

风门	磨内流量	出磨负压	出选粉机负压	粗粉回料量	成品细度
一次风加大	增加	上升	上升	增加	变粗
二次风加大	下降	下降	下降	减少	变细
三次风加大	下降	下降	下降	减少	变细

注：若风门关小，则其他各项相反。

5.24 O-Sepa 选粉机循环负荷和比表面积的关系

在合适的操作条件下，O-Sepa 选粉机循环负荷和比表面积有如表 5-3 的关系，随着循环负荷的增大，产品的比表面积会增加。

表 5-3 循环负荷和比表面积的关系

产品比表面积/（m²/kg）	300	320	340	360	380	400	450	500	550
循环负荷/%	120	150	175	200	235	270	340	400	450

5.25 高效选粉机参数的控制

（1）风量控制

选粉机是一种风选设备，起到气固分离作用，风量是否合适是选粉机取得好的分选效果的前提。通常提到的选粉机的风量，是指标准状态下气体体积流量，喂料浓度也是喂料量与标况下气体体积流量比值。如：O-Sepa 3000 标准时为 3000m³/min，即标况风量为：$Q_N = 3000m³/min \times 60min/h = 180000m³/h$。而实际工况温度为 80～100℃，由热胀冷缩可知，气体体积会膨胀，膨胀量可以很方便地计算出来。按 80℃ 计，在不考虑压力损失的情况下：$Q = Q_N (273 + 80) / 273 = 232747m³/h$。由此可见，温度对风量影响达到 29% 以上，而选粉机对气体体积流量的灵敏度达到 1% 左右。因此在选择风机时，要根据实际使用的工况温度，通过计算确定风机的实际流量。

对于高海拔地区，选粉机要求的气体体积流量也应该进行校正。在不考虑使用温度变化的情况下，气体体积与气压有关。根据 $P_1V_1/T_1 = P_2V_2/T_2$，假定 $T_1 = T_2$，所以得到 $P_1V_1 = P_2V_2$。具体确定风机时，也要考虑到压力因素的影响。

（2）转速控制

高效选粉机中调节选粉机的转速是改变产品细度的最主要的方式，转子转速越高，产品细度越细；转速越低，产品细度越粗。可通过调节转速方便地调节产品的细度。

（3）循环负荷控制

选粉机的循环负荷是影响选粉机功率配置的主要因素之一，循环负荷大，选粉机撒料消耗的功率也增加，因此圈流粉磨系统确定合理的循环负荷率是节能降耗的关键指标。确定循环负荷之前要先确定选粉机的生产能力。

选粉机的生产能力是指选粉机本身处理物料的能力。它不同于粉磨系统的产量，如果选粉机生产能力满足不了系统产量要求，则将影响生产。高效选粉机的生产能力可简单地按下式计算：

$$Q = C \cdot N \cdot 60/1000 \tag{5-3}$$

式中 A——选粉机的喂料能力，t/h；

C——喂料浓度，kg/m³；

N——选粉机通风量，m³/min。

在此，首先应确定整个粉磨系统中选粉机要求的喂料量。喂料量与整个系统循环负荷有关，如循环负荷高，则喂料能力就大，从而配套选粉机的规格也将大些。

5.26 离心式选粉机安装前转子平衡试验

离心式选粉机在制造或安装前，对转子应进行平衡试验。平衡试验的方法有卧式静平衡法和立式静平衡法两种。

（1）卧式静平衡法：所谓卧式静平衡法，就是将主轴处于水平位置，通过旋转来调整，使其达到平衡状态，如图 5-2 所示。根据图 5-2，将转子各部件、大小风叶、撒料盘与主轴装配在一起。在主轴两端配上滚动轴承，轴承固定在平衡架上。将每个风叶片编上号码，然后旋转转子，如果某一号码的叶片总是停留在上方，说明该风叶较轻，需要加适量配重平衡（一般用粘胶泥方法临时作为配重），再旋转几次，还是如此，说明该风叶上还需增加配重。若旋转几次，又换另一风叶停留在上方，需要再将这片风叶加配重。直到都是不同编号的风叶停留在上方时，才说明大小风叶的静平衡已经找好。这时将所粘胶泥取下，用相同质量的铁块补焊在胶泥的位置上（注意用铁块补焊时，要考虑焊后的质量）。焊好后，还须旋转转子试验，避免焊补后不平衡。找平衡后，将安装的部件方向位置都要印刻记号，准备安装时对号入座。

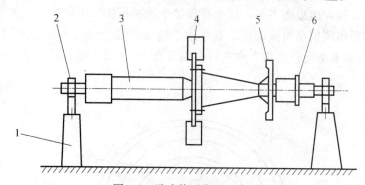

图 5-2　卧式静平衡法示意图

1—平衡支架；2—滚动轴承；3—转子主轴；4—大风叶；5—小风叶；6—撒料盘

（2）立式静平衡法：所谓立式静平衡法，就是将主轴处于竖直位置，通过重心平衡法，使其达到平衡（图 5-3）。当静平衡时，主轴中心线与重心位置重合，若重心位置与主轴中心偏离，说明不平衡，需要进行转子静平衡测试。

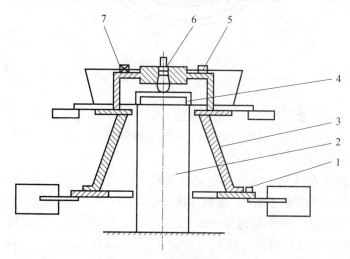

图 5-3　立式静平衡法示意图

1—校正块；2—支座；3—风扇座；4—安全装置平板；5—方水平仪；6—平衡器；7—水平仪配重

转子静平衡测试操作方法如下：首先将支座就位垫平，使安全装置平板水平度不超过 0.02mm/m。支座可用钢板制造，调平时用垫铁调整。安全装置平板用钢板淬火，硬度为 HRC52～HRC58。然后将平衡器装配到风扇座上，平衡器的锥轴与风扇座撒料盘轴孔的锥度要一致，使其中心线重合。在平衡器下端安装一滚珠。最后进行平衡，其方法步骤为：

① 将风扇座和平衡器放在支座的安全装置平板上，使平衡器下端滚珠与支承平板形成点接触。

② 将撒料盘上表面沿圆周方向分八等份，即 $45°$、$90°$、$135°$、$180°$、$225°$、$270°$、$315°$、$360°$把两个相等质量的方水平仪（精度为 0.02mm/m）分别放在 $180°$ 和 $360°$ 处（撒料盘的上平面），观察水平仪，确定配重填补方向的近似方向（图 5-4），用橡皮泥临时作为配重，加在风扇座下部，使水平仪处于水平位置。用同样方法测量 $90°$ 和 $270°$ 的水平度。然后将风扇座缓慢旋转，观察水平情况，如果变化不大，说明 $180°$、$360°$、$90°$ 和 $270°$ 方向基本平衡。再将方水平仪分别放在 $45°$、$225°$ 和 $135°$、$315°$ 方向，测量水平情况。

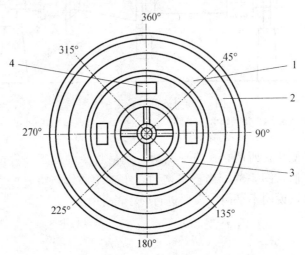

图 5-4　测平衡示意图

1—风扇座下法兰；2—大风扇盘；3—撒料盘；4—框式水平仪

③ 待八个方向的水平均调到平衡，按胶泥的质量，换成钢板和焊风扇质量，把钢板焊在风扇下底座上（一般不能把配重焊在风扇杆和风扇叶上，风扇杆和风扇叶使用时，因磨损要经常更换）。

④ 将配重固定在风扇下底座上后，再观察不同方向的水平仪，使水平度不大于 0.10mm/m 即可，如若超过标准，可填加或钻削，直至符合技术要求为止。

⑤ 配重块的质量一般不超过 5000g 为宜，超过 5000g 时，质量过大，配重固定比较困难。这时，可进行分解，用几何法完成（图 5-4），将质量 G 分解为 G_1 和 G_2 两个分量。分解时，可对称分解（$\beta_1 = \beta_2 = 15°$ 或 $30°$），也可不对称分解（$\beta_1 \neq \beta_2$，$\beta_1 = 7°30'$，$\beta_2 = 22°30'$ 或 $\beta_1 = 22°30'$，$\beta_2 = 7°30'$）。G_1 和 G_2 值可根据校正量 G 的具体位置按表 5-4 和表 5-5 计算。其定位夹角可依风扇盘和风扇座连接螺栓的位置进行确定。

表 5-4　校正质量对称分量值

校正质量与分量的夹角	校正质量分量值
$\beta_1 = \beta_2$	G_1 或 G_2
$15°$	$0.518G$
$30°$	$0.577G$

表 5-5　校正质量非对称分量值

校正质量与分量的夹角 $\beta_1 \neq \beta_2$	校正质量分量值	
	G_1	G_2
$\beta_1 = 7°30'$，$\beta_2 = 22°30'$	$0.7654G$	$0.2611G$
$\beta_1 = 22°30'$，$\beta_2 = 7°30'$	$0.2611G$	$0.7654G$

5.27　普通离心式选粉机的安装技术要求和基本方法

选粉机安装顺序为：

基础划线→上筒体安装→主梁安装→下锥体安装→转子安装→大小风叶安装→附件安装

（1）基础划线。安装前以土建的纵横轴线为准，校核选粉机中心线，测量预留孔洞的直径是否符合图纸要求并大于选粉机圆筒直径，孔洞中心是否在中心线的中心上。因为若选粉机中心位移过大，会对下料管及非标件的安装带来很大困难。小型选粉机划线，可在预留孔洞上搭设跳板，在跳板上定预留孔洞中心点，进行测量。在划线时，还要复查地脚螺栓孔是否符合设计要求，标高是否与设计标高相同，其误差不得超过 ±5mm。如果校核无误，可以根据设计要求安放垫铁。

（2）上筒体安装。选粉机上筒体的直径较大，运输困难，所以一般均是解体分片运到现场，在安装前再进行组装。将上部内圆筒、外圆筒的分片壳体，吊在安装楼板上，在预留孔附近进行组装。先把内圆筒分片壳体的连接法兰，塞两道掺白铅油的石棉绳，然后将内圆筒组装起来。筒体组装后，用钢板尺检查圆筒的椭圆度。变形较大时，用千斤顶或花篮螺栓进行调整。如果局部变形较大时，作圆弧样板，用大锤修正。然后在内筒下部将回风叶安装好。

在内圆筒外用同样方法套装外圆筒，在组装外圆筒时，要核对内外筒间连接支架的栓孔位置。圆筒外的四个支脚，在筒外按 90° 均匀布置。将上筒体整体吊在基础上，穿上地脚螺栓，使支脚中心线对准基础划线。

小型选粉机在制造厂将圆筒整体组装后发运，要检查有无变形、接缝处是否严密，确认合格后，方可整体吊装。

（3）主梁安装

主梁是用两根槽钢焊成，主梁与上盖焊接在一起。安装时一定要注意主梁的方向，确认无误后，将上盖与筒体上平面对好方向，然后在圆筒上法兰与盖之间塞进两道掺有白铅油的石棉绳。用两个过眼冲子（一个冲子用于对螺栓孔，另一个冲子为定位用）把筒体与上盖用螺栓连接起来。将平尺放在主梁上，在平尺上放框式水平仪，测量主梁的水平度，其误差不大于 0.2mm/m，用在支脚下垫垫铁的方法调平。再用线坠测量主梁中心与基础中心线误差，其误差不超过 ±3mm。在测量找正后，进行一次灌浆。待灌浆层达到配合强度 75% 时，拧紧地脚螺栓，复查精度是否符合要求。然后安装内锥体与固定支架连接，其位置偏差不得超过 ±2mm，水平标高误差不得大于 ±1mm/m。然后进行二次灌浆。

（4）下锥体安装。大型选粉机的锥体是分片进入现场的，下锥体的组装应在安装上筒体楼板的下层地面上进行。将地面清扫干净并垫平，以锥体的大头直径，用地规在地面上划出内锥体与外锥体的同心圆。先将内锥体的分片壳体，按照划线组对，变形的壳体要修整，将内锥体组对好。并将小头的粗粉出口管，按规定角度焊好。

内锥体与外锥体支架安装后，再按划线组对外锥体。分片壳体间用掺白铅油的石棉绳垫好，与外锥体用螺栓紧固。吊装下锥体，将下锥体翻转使大头朝上，对好粗粉出口。用卷扬机吊装与上筒体外筒连接，在连接法兰处用掺白铅油的石棉绳垫好，用螺栓拧紧。锥体与筒体内部都有出厂前安装好的钢材板，安装时要检查螺栓是否有松动现象。

（5）转子安装

先将圆筒上盖的安装孔拆开，把安装好的法兰盘、风叶盘与撒料盘的转子轴，吊在圆筒内安装就位。然后，将减速机在主梁上就位，使减速机法兰盘与转子主轴法兰盘用螺栓连接，一般采用刚性法兰，将法兰端面的正口对齐，其同轴度达到要求，这时转子轴已悬挂在减速机下部。用框式水平仪在主轴垂直圆柱上的两个方向检查轴的垂直度，在主梁和减速机底座加垫铁调整，使主轴的垂直度不大于 0.1mm/m。转子安装完毕，用手转动转子，要求转动灵活，然后将上盖的安装孔封死，并在主梁上安装减速机用的电动机，三角皮带传动则用皮带轮绕拉线定位安装。

（6）大小风叶的安装

大小风叶一般是用 3mm 钢板制作，风叶杆是用 30～40mm 的角钢制作，杆上钻有螺栓孔。用安装孔变动轴距和增减风叶来调整风量。大小风叶和风叶杆，均按其编号与风扇座的编号对号安装，用螺栓拧紧。

（7）附件安装

一般在选粉机内安装有 8～12 块控制平板（也称挡风板），用来调节风量及产品细度。拉杆上刻有均匀的标记，便于掌握控制平板拉出的距离。安装时，在筒壁的拉杆孔处，要用石棉绳密封。在上盖安装进料口，由入孔口进入内部，将进料溜子与进料口连接好。

5.28　离心式选粉机的试运行步骤

离心式选粉机的试运行，主要是对转子和驱动部分的考核，对外壳体严密性的检查。对转子和驱动部分的考核，要求运转平稳、转子不刮磨壳体、振动频率符合要求；对壳体严密性的检查，要求壳体密封好，不能有漏风、漏灰、漏油现象。

运转调试：（1）点试电动机，检查起转方向是否正确；（2）各控制机构是否灵活、可靠；（3）连接螺栓是否拧紧。

试运转：（1）电动机空负荷运转 4～8h；（2）带动转子运转 24h；（3）检查轴承温度应在 70℃以下；（4）检查有无漏油、漏风现象。

5.29　O-Sepa 选粉机安装的基本要求和方法

（1）基础划线。在安装选粉机的楼板上确定和标出 0°、90°、180°、270°的方向，并确定和标出安装垫铁的基准线。

（2）安装垫铁。在楼板标注的相应位置上安置垫铁，找正垫铁上的基准线和楼板

上的基准线，二者的偏差不超过±1mm，校正各垫
铁的中心距尺寸，随后将垫铁块点焊固定，如图 5-
5 所示。

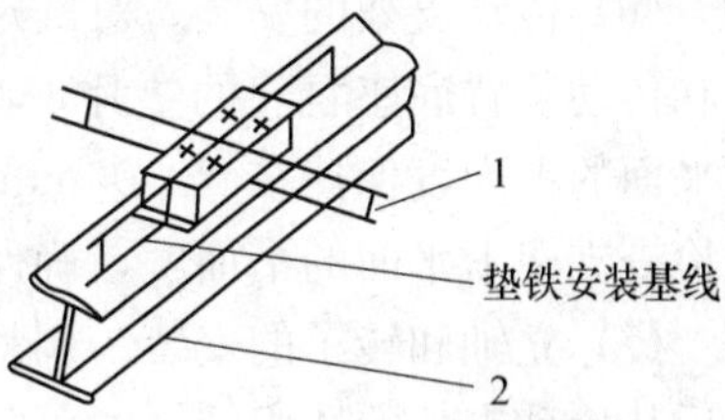

（3）转子和锥形料斗的临时安装。如图 5-6 所
示，在安装选粉机的横梁处架设起支架，暂时固定
转子，使其中心线和立轴中心线基本一致。采用临
时支架，在横梁下安装锥形料斗，检查其方位，校
正料斗中心线，使其与主轴中心线基本一致。

（4）壳体的安装。如图 5-7 所示，将壳体放置在
垫块上，用螺栓临时固定，通过调整各组垫片放平壳体，使其平面度在±2mm 内。当固
定好后，将垫片和垫块点焊在一起。

图 5-5 垫铁位置图

1—铅锤；2—横梁

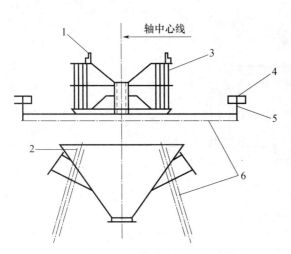

图 5-6 转子和锥形料斗的临时安装图

1—密封圈；2—锥体；3—转子；

4—垫铁；5—横梁；6—临时支架

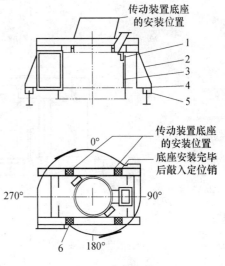

图 5-7 壳体安装

1—缓冲板；2—壳体；3—导向叶片；

4—垫片；5—垫块；6—定位销

（5）弯管的安装。如图 5-8 所示，弯管安装应使得弯管的出口方向符合要求的方
向，在壳体和弯管之间放入衬垫螺栓拧紧。

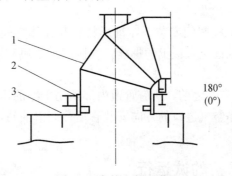

图 5-8 弯管安装示意图

1—弯管；2—衬垫；3—壳体

（6）传动支架的安装。对准定位孔，用螺栓暂时将支架和壳体固定，通过调整壳体和传动装置底座之间的垫片，调整支架上平面的平面度，用精密的水准仪检查，使上平面的平面度保持在±0.05mm 范围内。校准水平后，装入定位销，并拧紧螺栓。重新检查支架上平面的平面度，确保平面度在±0.05mm 范围内。

（7）立轴和转子的安装。调整立轴方位，认准润滑油出口和净化空气入口的方向，然后从传动支架的孔中缓缓下落，对准轴的键和转子的键槽，缓缓地插入转子轴孔中，提起临时支承在横梁上的转子，拧紧锁紧螺母，安装螺栓以防止锁紧螺母松动。调整主轴，使其对推定位销孔，装入定位销，用螺栓固定。安装立轴的支承，并用螺栓固定。调节密封圈，使其保持在规定范围，然后用螺栓固定。如图 5-9 所示。

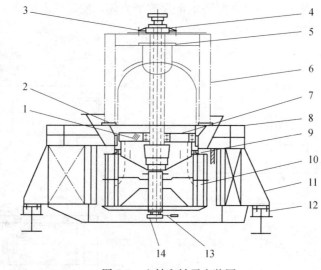

图 5-9　立轴和转子安装图

1—衬耐磨瓷块；2、3—定位销；4—立轴；5—端盖；6—传动支架；7—轴承支承；
8—梁；9—密封圈；10—转子；11—壳体；12—垫块；13—扳手手柄；14—扳手盘

（8）减速器的安装。调整减速器的方位，对准定位销孔，在传动支架上放置减速器，装入定位销，用螺栓固定底座和支架。以立轴的半联轴器为准，调校减速器中心，用精度为 0.01mm 的测微仪和厚度规测量二半联轴器的端面偏差和径向偏差，端面偏差应在 0.15mm 之内，径向偏差在 0.02mm 之内。中心校准后，将定位销装入减速器和底座，并用螺栓固定。

（9）锥形料斗和调节阀门的安装。在锥形料斗和壳体之间安放好衬垫，用螺栓固定锥形料斗完毕后，紧固固定垫板上的螺栓，焊接固定垫块和横梁。安装调节阀门板、锥形料斗和调节闭门。

（10）管道的安装。安装之前，所有管道内部须用干净的压缩空气清洁。按照图纸中的润滑油进出口、纯净空气进口的方向安装管道。润滑油站，建议放在横梁楼板上，并和横梁用点焊固定。

5.30　O-Sepa 选粉机的试运行

O-Sepa 选粉机安装检验合格后方能进行试运行。

（1）无负荷试运行。在转子最高转速下，连续进行 2～4h 空载运转，应满足下列要求：

① 运转平稳，无异常振动和噪音；

② 各轴承温升不超过 30℃；

③ 润滑油要求洁净，用过滤纸检查，不得有任何污迹，油管通畅，润滑良好；

④ 所有监视检 6D 仪表及控制系统，均应灵敏准确；

⑤ 观察、检测并记录电流波动情况；

⑥ 检查并拧紧各连接螺栓；

⑦ 在空负荷试运转中，将一、二、三次进风口处的阀门按下列风量分配要求调节到合适位置，并固定好阀门。一次空气占总空气量的 67.5%，二次空气占总空气量的 22.5%，三次空气占总空气量的 10%。

（2）负荷试运行。无负荷试运行合格后，方能进行负荷试运行，加载程序可按磨机试运行计划进行。其要求为：

① 各轴承温升不得超过 40℃；

② 各连接部位和密封部位应密封良好，不得有漏风、漏灰、漏油现象；

③ 电动机运行正常。

5.31　普通离心式选粉机常见故障有哪些？产生原因是什么

普通离心式选粉机工作中，由于零部件的磨损及操作不当等原因可能造成各种故障，主要有以下几种：

（1）选粉机齿轮箱发热或"冒烟"原因及处理办法

原因：① 齿轮箱缺油，润滑不良，油质不良；② 超载使用；③ 传动体本身故障。

处理办法：① 改进涡滑加油或换油；② 控制负荷或改进传动设计；③ 按"烧油""胶合""热塑变形"等具体分析对症处理。

（2）选粉机齿轮箱发生振动和噪音原因及处理办法

原因：① 齿接触面不良；② 侧隙不合适，轴向有窜动；③ 锥齿轮精度超差。

处理办法：① 调整接触面；② 调整侧隙，消除窜动；③ 更换锥齿轮。

（3）选粉机锥齿轮裂纹或噪音原因及处理办法

原因：① 支承刚性差，轴承损坏，轴向窜动；② 齿厚磨损过多或两齿厚相差很大，过薄易折断；③ 齿轮淬火发"脆"。

处理办法：① 相应排除；② 分析原因，做材质等的改进；③ 改进热处理。

（4）选粉机齿轮热塑性变形和胶合原因及处理办法

原因：① 润滑不良，少油、无油；② 高速超载使用。

处理办法：① 清洗油箱，换油加油；② 控制速度，控制负荷或改进设计。

（5）选粉机齿轮严重点蚀和剥落原因及处理办法

原因：① 轴承间隙过大，轴承磨损严重；② 材质或热处理不良；③ 超负荷使用。

处理办法：① 修理或更换轴承；② 改进材质，改进热处理；③ 控制负荷。

（6）选粉机齿轮磨损严重原因及处理办法

原因：① 防护密封不良；② 油质不良，油中有砂粒等杂质；③ 材质不良。

处理办法：① 加强防护密封；② 清洗换油；③ 选用耐磨材质。

（7）选粉机滚动轴承发热响声异常的原因及处理办法

原因：① 润滑不良，缺油磨损严重；② 横轴端法兰螺栓松脱滑牙；③ 配合松动，游隙增大；④ 上部调整螺母丝扣滑牙。

处理办法：① 及时加油，短时加大油量；② 重新攻丝改大螺栓；③ 拆换修理；④ 处理轴头，重新车丝，换螺帽。

（8）选粉机叶片打坏或掉藩，机体摆动的原因及处理办法

原因：① 叶片质量不良，重量不一致；② 叶片固定螺栓松动；③ 安装不正，产生向上或向下偏斜。

处理办法：① 更换叶片，称重部位要均匀安装；② 检查螺栓，加垫圈拧紧螺栓；③ 调整安装位置。

（9）选粉机电流突然增大的原因及处理办法

原因：① 下部或上部滚动轴承烧坏；② 涨圈变形，断脱卡死；③ 喂料中混入大块杂物，塞死撒料盘上部出口处；④ 立轴下端大螺帽松动，撒料盘也下降。

处理办法：① 检查更换轴承；② 检查更换涨圈；消除杂物；④ 拧紧大螺帽。

（10）选粉机风机轴承座振动的原因及处理办法

原因：① 风机与电机两轴不同心；② 叶轮不平衡；③ 风机进出口风门不在正确位置；④ 基础刚度不够牢固；⑤ 地脚螺栓松动；⑥ 风机叶轮积灰。

处理办法：① 找正，使两轴同心；② 校正平衡；③ 调节好风门位置；④ 加强基础，增加刚度；⑤ 检查并拧紧螺栓；⑥ 停机后打开门清灰。

5.32　转子式选粉机常见故障及排除方法

（1）选粉机产量突然下降

风管堵塞严重，特别是旋风筒上面的回风管、岔风管（图 5-10），由于风管截面积减小，风机循环风量明显减少，没有足够的风量将混合粉吹入分离区，就落到滴流装置成为粗粉进入磨机。

排除方法：定期清理回风管。如回风管及岔风管上没有清灰门要开设清灰门。

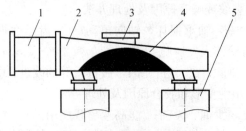

图 5-10　回风管积灰情况

1—岔风管；2—回风管；3—清灰门；4—积灰；5—旋风筒

（2）粗细粉不分，产品达不到指标

选粉机粗粉内锥体磨破，在风的作用下将粗粉吹到细粉外锥体内，结果部分粗粉混进成品内。可分别在旋风筒捅料门处和细粉下料管处取样。如旋风筒处样品筛析符

合标准，而细粉下料管处样品筛析不合格，即可诊断为内锥体磨破。

处理方法：在停机后用 1 个电灯泡从选粉室检修门伸进去吊进内锥体，维修人员钻进外锥体内检查，发现内锥体有光亮处就是磨破的地方，用电焊机补好，即可解决问题。

（3）选粉效率低，循环负荷高

① 撒料不均匀，分级不清

处理方法：一可将平板式撒料盘改为螺桨式撒料盘；二可将光滑的选粉室内壁改成波纹式（图 5-11）。混合料经撒料盘撒在波纹状的筒壁上，不会直接下落，而是向中心二次扬起；三可在滴流装置处安装无动力撒料盘或下转笼，混合粉进行二次扬起后，可进一步分离。

② 混合料撒不开。一是主轴轴承进灰，影响运转，使主轴转速低；二是主传动轮皮带太松，虽然调速表达到规定值，但因皮带松，主轴转速仍高不了。

处理方法：加强主轴轴承润滑，调紧皮带。

（4）选粉机严重跑风、漏风

选粉机在工作时，有时会从各法兰处漏风，或风从选粉机下料管返到提升机，造成环境污染。

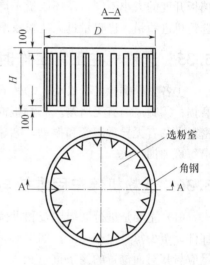

图 5-11 波纹式选粉室内壁

各法兰密封不严，或回风管及细粉锁风阀坏了，外部风从回风管、细粉锁风阀吸入，干扰了正常的循环风量。造成正负压不平衡，大于循环风量的风从下料管跑到提升机内，又从提升机跑到磨内，影响选粉机产量。

处理方法：① 填好管道法兰的石棉绳，紧固好螺栓；② 修好锁风阀及回风管。

（5）选粉机振动太大

① 主轴轴承间隙大，使转子产生不平衡，造成选粉机振动；② 支撑选粉机的支架脱焊；③ 选粉机大、小风叶磨损不一致，或选粉机转笼笼栅蹭破，使选粉机产生振动。

处理方法：更换主轴轴承；更换新叶件，质量相同的一组对称安装；更换新转子；加固选粉机支架基础。

5.33 高效选粉机常见故障有哪些？产生原因是什么

（1）在安装试运转时，振动噪声过大、轴承发热

主要观察主轴、大小风扇叶、撒料盘整体的静平衡。末作过静平衡测试的选粉机，应停止试运转，卸下转子，重新进行平衡试验。主轴是悬挂轴，因此在最后整机找平时，要以轴的两个方向的垂直度同时测试，否则设备不能平滑地运转。

（2）密封不严

要进行检查，不严密处要重新加塞掺白铅油的石棉绳。

（3）物料分级颗粒不合乎要求

均匀地调整隔风板，使达到设计要求。如果要求增减大小风叶数量时，要在增减

后作短时间的试转，检查选粉机的振动频率与振幅，如果超过增减前的数值，说明转子不平衡，转子部分要重新做静平衡试验。

5.34　影响旋风式选粉机选粉效率的因素有哪些

影响旋风式选粉效率的因素有：①选粉机转速。选粉机转速高时，物料在选粉机内分散得薄而均匀，细粉被选出，其选粉效率就高；②循环风机挡板开度。循环风机挡板开度的大小不同，循环风量不同，因而选的细粉虽有大有小，其效率不一样；③选粉机进粉量。进粉量过大选粉效率差；进粉量小，选粉效率好一些。

5.35　选粉机在正常工作时的巡检内容

①各紧固螺栓是否松动；②铸石板是否破裂和脱落；③叶片和导料板有无变形和磨损；④旋风筒有无堵塞。⑤翻板阀运作是否灵活；⑥选粉机内有无异物，检查门的密封；⑦有无异常声音和振动。⑧密封是否良好；⑨电流是否正常；⑩干油润滑点要求每班加油一次。

5.36　选粉机停车后维护与检查的内容

（1）主要是进行磨损检查和机械检查：① 磨损检查：必须定期检查与物料接触的部件，至少每月检查一次；如果必须更换笼型转子的笼条时，应注意所更换的笼条重量应与其对面位置的笼条重量相等，以避免造成不平衡现象；必须更换运行中已经磨薄、不能再安全固定或磨损已达到了严重程度的衬板。② 机械检查：必须按照各供应商提供的技术文件中的规定，对传动装置各部件进行检查；检查传动支座与传动部件间的连接螺栓是否紧固；对称板的连接螺栓应随时检查；每两年应对轴承做一次全面检查，同时刮掉轴套内的旧油脂，并注入新的油脂。

（2）传动装置及回转部分的运行是否平稳；粗料出口处翻板间的功能是否正常；选粉机各连接法兰和检查门处的密封是否严密；轴承润滑及温升情况是否良好；传动装置的设备及润滑、温升等情况，按供货商提供的技术文件中有关规定要求进行检查；粗料和成品的运输设备状况是否良好。

5.37　V 型选粉机细粉粒度很细、但带料能力不足的原因和处理

V 型选粉机使用中，常出现细粉粒度很细、但带料能力不足的现象，究其原因就在于设备选型过大，设备内的通风量不足，应该带出的细粉，由于动力不足过早降落到分级板上或出风口底板上。

处理措施：① 封闭设备内部分过风断面，提高过风速度；② 减短分级板的长度，缩短颗粒分级时的沉降时间；③ 减少分级板的数量，增加分级板间距。

第6章 案例

6.1 水泥粉磨系统工艺技术管理

陕西某建材集团有限公司结合自身水泥磨系统的生产实际情况，积极探索水泥粉磨系统的工艺管理，总结了如下经验。

1. 水泥磨工艺系统技术性能与产质量关系

在同等物料和质量指标下，系统各环节增产能力分配见表 6-1（以传统开路水泥磨产量为基准）；质量指标变化对技术管理水平的要求，以细度 0.08mm 方孔筛筛余和比表面积 m^2/kg 为基准，见表 6-2。

表 6-1 系统增产能力分配（生产统计分析）

名称		比例/%
辊压机、打散分级机或 V 型选粉机		60～70
磨机		15～20
其中	研磨体级配与装填	5～8
	篦板型式、篦缝尺寸、通料率、活化环	6～10
	衬板型式、仓位	2～4
	高效选粉机	15～20

表 6-2 质量指标对技术水平的要求（生产统计分析）

工艺流程	质量要求等级细度/%（0.08mm）			某水泥厂出磨水泥质量指标			
	低	中	高	0.08mm/%	0.045mm/%	S/(m²/kg)	品种
传统开路磨	<5	<4	<3.0 (2.8)				
传统闭路磨	<3.5	<2.5	<2.0 (1.8)				
预粉磨	<2.0	<1.5	<1.0 (0.8)	<0.2 <1.5 <0.8	<0.2 <10 <8.0	>400 340 >360	P·O52.5R 低碱 42.5 P·O42.5R
联合粉磨	<3.0	<2.0	<1.5 (1.2)	<1.5	<12	340～360	P·O42.5
联合预粉磨	<1.5	<1.0	<0.8 (0.6)	<0.8 (0.6)	<8.0 <6.0	340～360 >360	低碱 42.5 P·O42.5R

2. 管好物料和优化辊压机压分

（1）物料品质性能对水泥产品质量影响

熟料质量和混合材品种与配比及石膏的品质对挤压和粉磨的影响较大，尽可能做好三降（降物料粒径、温度、水分）工作，特别要重视入磨熟料温度，如陕西某厂库内热熟料直接入磨与用堆场晾熟料入磨，前者产量要降低 5.81%。另外，不同水泥品种要制订不同质量控制指标。各种不同工艺入磨物料筛余值控制见表 6-3 所示

表 6-3 不同工艺入磨物料粒径（生产统计分析）

工艺名称	>1.0mm	>0.2mm	>0.08mm	>0.045mm
预粉磨/%	<50	<65	<75	<80
联合粉磨/%	<10	<30~35	<50~60	<65~70
联合预粉磨/%	<1.0	<3.0	<25	<35

（2）粉磨系统各工序管理，完成其工序目标值，确定辊压机、打散分级机或选粉机的最佳操作和控制参数，便于该系统设备平稳连续高效运行，以达到入磨物料粒径合理分布并尽最大可能地降低入磨物料粒径。

辊压机操作控制：从稳压仓料位控制回料量等方面入手调节辊压机和打散机的运行。① 在确保系统安全的条件下尽可能适当地提高辊压机的压力，合理调节系统运行保护的延时程序，既有利于提高辊压机做功能力，又有利于系统正常纠偏；② 一般规律是辊压机两主辊电流越高，说明辊压机做功越多，系统产量越高。要求达到电机功率的 60% 以上；③ 根据挤压物料特性和磨机生产不同品种水泥时，确定辊压机垫片厚度和辊缝尺寸大小；④ 重视辊压机下料点的位置，喂料要注意料仓物料离析导致偏辊、偏载。因细料难以施压和形成"粒间破碎"。所以细粉越多，辊缝越小，功率越低；⑤ 导料板插入深度越深，辊缝越小，功率越低，最终导致产量下降。辊压机进料口到稳压仓下料点之间柱壁面上粘结细粉后，也影响辊压机产量；⑥ 加强辊压机侧挡板的维护，间隙控制在 2~5mm 之间较为合适，经常检查侧挡板磨损状况，防止磨损严重漏料；⑦ 定期检查辊压机辊面，若出现剥落与较大磨损要及时补焊处理；⑧ 防止辊压机振动而跳停的故障。

打散机的操作控制：① 加大对打散机锤头及分级筛网的日常检查维护，若入磨物料大颗粒增大，需检查锤头和筛网；② 改变筛网孔尺寸，可改变入磨物料粒径和产量；③ 调节内筒与内锥的高度，稳定细粉产量；④ 稳料小仓料量要控制设计值的 80% 为合适；⑤ 根据不同水泥品种的质量要求，确定打散机的合理转速。防止打散机转速过低，回粉量过多，这样稳压仓内细料过多，严重影响辊压机做功效果，反而使磨机产量下降，质量更难控制，造成恶性循环。

V 型选粉机的操作控制：① 调节入磨物料细度是调节选粉机的进风量，进风量越小，半成品细度越细；进风量越大，则半成品细度越粗。改变选粉机出风管一侧的导流板数量和角度，可调节半成品细度，导流板数量越多，则半成品细度越细；反之，亦然；② 选粉机喂料要注意在选粉区的宽度方向形成均匀料幕，避免料流集中在选粉区的中间区域内，从而导致选粉区两侧气流短路，影响选粉效果及半成品产量；③ 选粉机料气比为 $4.0 kg/m^3$，来确定控制风量。

3. 抓好计量与操作

（1）对操作人员进行全面培训：① 知工艺流程。设备规格性能，懂得工作原理，学会正常操作方法和一般故障判断处理能力及事故的防范等方面的知识与技能。② 了

解各种规章制度、规程、细则办法等，明确岗位记录报表，报告制度与责任，掌握其精神实质，抓住要点严格执行。③ 掌握系统操作控制参数，懂得各参数的互相关系及各参数与质量、产量、安全、环保的关系。同时要知道各种物料配比数量与计量器具电流变化的关系等可以作为岗位看板操作调整依据。

（2）对系统计量器具进行全方位标定、校正：① 首先要求是可调的稳定性，然后是绝对值准确性或相对值准确性；② 必须做到使系统各计量器具都能用相对值反求可比准确性，然后进行绝对值配比核算；③ 记录各设备空载运行时电流和不同载荷下的电流，找出载荷量变化与电流值的关系，电流值与各种物料配比的关系（即也是与某些质量指标变化的关系），作为技术人员看板管理的判断依据。

4. 整好篦板焊好篦缝

对磨机而言，隔仓板结构、型式、篦缝分布与宽度及篦板缝的通料率对磨机产品质量影响十分明显。如某院研制国产高细、高产磨就是采用小篦缝大流速的磨内筛分技术隔仓板作为技术突破口，为采用小直径研磨体创造条件，细磨仓采用活化环技术进一步提高细磨能力。随后，旧水泥磨技术改造采用双层筛分技术的隔仓板提高磨机产量和质量，取得较好效果。

（1）隔仓板结构与型式。隔仓板结构与型式是由老式带全盲板的普通双层隔板，发展到粗、细筛板组合隔仓板，无盲板中间夹筛网的双层隔仓板，中、高料位无盲板的双层隔仓板，带筛分装置的双层隔仓板。总之，磨机制造厂为配备不同生产工艺的磨机而设计不同形式与结构的隔仓板。同时为不同工艺磨机配套使用，对出口筛板也作了许多改进。

（2）整好篦板。安装篦板时一定要整平，篦板之间间隙要均匀，螺栓要多次坚固后并焊住，同时认真焊好篦板间隙缝，防止篦板在运行中位移，若篦板开孔率过大时，要对篦缝进行焊补，减少篦缝通料量，其目的是防止研磨体和物料颗粒窜仓及控制物料流速。

（3）篦缝尺寸，篦板开孔率，隔仓板前后筛余降（篦板前点与后点筛余值之差）见表6-4。双层篦板缝宽为6～8mm，粗筛板缝宽可到10mm，出口篦板缝宽4～6mm。若发现隔仓板前后筛余降很小，说明篦板通料率和研磨体级配不合适，可能球径偏小和篦板开孔率偏低造成，需调整级配和处理篦板篦缝。隔仓板筛余降合理或偏大，说明磨机研磨体级配合适，开孔率合适，磨机系统产量也相对较高。若筛余降出现倒挂现象，可能球径偏大或偏小，篦板开孔率偏大或偏小，根据具体情况进行处理。

表6-4　P·O42.5R磨内取样分析

工艺名称	I仓		II仓		III仓
	开孔率/%	篦板前后点筛余降/% （0.08mm方孔筛筛余）	开孔率/%	篦板前后点筛余降/% （0.08mm方孔筛筛余）	开孔率/%
传统开路磨	5～7	7	5～6	6	3.5～5.0
传统闭路磨	8～12	5～6	6～8	—	—
预粉磨	6～9	5～6	12	—	—
联合粉磨	4～5	7～8	3～4	4～6	4.0
联合预粉磨	7～10	3～4	8～10	—	—

5. 配好球段

（1）基本原则：① 在已定的工艺技术的条件下，以入磨物料粒径分布和生产品种的质量指标要求为主线，作为配球的依据；② 坚持大球不能缺，小球不可少的原则；③ 一仓必须具有足够能力并留有余地，是提高磨机产量的基础，是稳定磨况、便于正常生产控制必备条件。一仓能力是球径、球量、级配、仓长的组合体；④ 若碰到熟料强度低、易磨性差、物料粒径差异大，而质量指标要求高时，一仓配球可采用两头大中间小的方案。也可采用其中主要两级球径的球量为主、其余球径球量作辅助；⑤ 在解决磨机细碎与细磨结合难点时，适当增长一仓长度（约 0.25m）来解决物料充分细碎，因在同样条件下，可适当降低球径或适当减少篦板通料率，有利于细碎。在相同填充率系数条件下，增加该仓球量，增加钢球对物料冲击次数，有利于加强对物料的细碎。一仓细碎效果比后者要强得多；⑥ 物料经辊压机挤压，经过打散机或 V 型选粉机分散分选后入磨的物料颗粒很细。研磨体直径也较小，在这样的条件下，一仓研磨体仍然要有足够动能冲击力，从而将物料在无序粉碎过程中而产生小颗粒、微粉及颗粒裂纹，为后仓进行细磨创造条件，将小颗粒磨得更细裂纹被解体继续进行粉磨，微粉对提高成品比表面积特别有利。另外，水泥产品中的颗粒组成和颗粒形貌对水泥强度影响较大，利用一仓研磨体的动能冲击力，对改善上述参数创造条件，有利于提高水泥产品颗粒的圆形度，从而提高水泥强度。

（2）拉朱莫夫计算球径公式中 i 系数在不同工艺中应用

$K \cdot A$ 拉朱莫夫公式：

$$D_m = i \sqrt[3]{d_m}$$

式中　D_m——钢球直径，mm；

　　　d_m——物料粒径，mm；

　　　i——系数，取 28。

根据国内不同工艺较好的配球方案进行反求计算，而推出的拉朱莫夫公式中 i 系数的经验值，见表 6-5，供参考。

表 6-5　i 系数值列表（生产统计分析）

预粉磨	仓位	一仓						二仓						
	球径/mm	$\phi100$	$\phi90$	$\phi80$	$\phi70$	$\phi60$	$\phi50$	$\phi60$	$\phi50$	$\phi40$	$\phi30$	$\phi25$	$\phi20$	$\phi17$
	i 值	40±5	40±5	40±5	55±5	160±10	143±5	80±10						
联合预粉磨	仓位	一仓						二仓						
	球径/mm	$\phi50$	$\phi40$	$\phi30$	$\phi25$	$\phi20$	$\phi17$	$\phi20$	$\phi17$	$\phi15$	$\phi18\times20$	$\phi16\times18$	$\phi14\times16$	$\phi12\times14$ $\phi2\times10$
	i 值	85±10						42±4（球或段）			42±4			
联合粉磨	仓位	一仓					二仓			三仓				
	球径/mm	$\phi60$	$\phi50$	$\phi40$	$\phi30$	$\phi25$	$\phi18\times20$	$\phi16\times18$	$\phi14\times16$	$\phi12\times14$	$\phi10\times12$			
	i 值	55±10	55±10	90±10	95±10	95±10	45±5	55±5	55±5	35±5				

（3）各仓筛余降的实践数据

根据磨机产质量最好和最差时，取样了解磨内筛余内曲线的分布状况，并找出各工艺水泥磨生产不同品种时各仓首点、末点的筛余值，然后得该仓筛余降和每米筛余降。水泥磨分析结果整理的数据见表6-6，供参考（各仓首点、末点筛余值因磨机规格分仓和不同品种而异）。

表 6-6　磨机筛余降（生产 P·O42.5R 和 P·C32.5R 统计分析）

工艺名称	Ⅰ仓	Ⅱ仓	Ⅲ仓	质量指标	
				0.08mm/%	S/(m²/kg)
传统开路磨	8.5～10.0	9.6	3.67	<5.0	290
高细高产开路磨	7.0～9.0		2.0～2.5	<4.0	350
挤压联合粉磨	3.5～4.0（掺大量粉煤灰时）			<2.0	330
	7.0～8.0	2.1～2.5（4.0）	0.45～1.4		
传统闭路磨	3.5～5.0	3.0～4.0	—	<2.0	320
预粉磨	1.45～2.0	1.15～1.71	—	<0.5	330
联合预粉磨	1.2～1.6	0.6～1.3	—	<0.5	330

6. 高效选粉机与系统的通风管理

目前水泥磨用高效选粉机以 O-Sepa 为主，从 O-Sepa 选粉机的基本原理出发，研制多种型式高效选粉机，各水泥生产企业按设计制造厂技术要求进行调试与管理，基本上取得良好效果。

（1）O-Sepa 选粉机使用时注意点

操作时主要是比表面积与细度的调节关系，它是一种选粉效率高，循环负荷较低（100%～250%），使用风量一定要满足其要求，一、二、三次风配合要合理的高效选粉机。一般讲细度细、比表面积相应较高。细度细，比表面积在一定值时，水泥 28d 强度也相应较高。这对粉磨原理而言是对的，但从 O-Sepa 选粉机而言，不一定符合这一现象。但在生产中仍要强调将物料磨细作为技术管理重点。① 部分人认为细度、细比表面积一定高，这样就提高转速，降低风量，结果回料量大，导致投料量递减，同时投料量少，风速慢物料在磨内停留时间长，出磨颗粒相对均匀，因而不能有效提高比表面积；② 在一定转速的情况下，加大系统风量较多粗颗粒进入成品，成品变粗，n 值越小，比表面积反而提高；③ 风量不变情况下，加快转子速度，n 值增大，比表面积反而降低或没有提高；④ 在实际操作中，当细度细时，比表面积并不高，细度粗时，比表面积反而高。因从比表面积计算公式中知，n 值越大，比表面积越低，n 值是颗粒特征直线的斜率，也就是均匀性系数。物料颗粒分布范围越窄，直线越陡，颗粒越均匀，n 值越大，则比表面积越小。

（2）加强系统密封管理，确保系统风量，首先满足 O-Sepa 选粉机的工况需求，同时也确保磨内通风量，一般讲入磨物料越细，磨内通风量越大，越能尽快将磨内符合产品要求的微粉拉出磨机送入选粉机。同时也加快磨内物料流速，从而提高磨产量。① 磨尾负压，随入磨物料变细而增大，一般在 250～2200Pa；② 磨尾气体温度显示，开流磨<120℃，若出磨气体显示温度达135℃以上或产品细度变粗与比表面积变高时，磨内物料流动不畅，篦板缝已堵，需停磨清理（这现象符合预粉磨和联合预粉磨）；③ 磨物料综合水分<1.0％，最大不能超1.5％。

7. 分析点评

水泥磨系统的工艺技术管理对于提高磨机的产质量、节能降耗起着重要的作用，磨系统的工艺技术管理可概括为：管好物料；抓好计操；整好篦板；焊好篦缝；优化压分；配好球段；重视通风；关注磨温。

6.2 T-Sepax 三分离选粉机改造开路水泥粉磨

辽宁某水泥有限公司有一台 ϕ3.2×13m 水泥磨机开路粉磨系统，采用 T-Sepax 三分离选粉机改造为闭路高细磨粉磨系统，达到了优质高产、节能降耗的目的。

1. 基本情况

（1）配比：采用旋窑熟料，粉磨 32.5 级水泥时其配比为：熟料 50％，矿渣 30％，粉煤灰 15％，石膏 5％。入磨最大粒度 20mm，在不加助磨剂的情况下，台时产量 51～52t/h，细度 0.08mm，方孔筛筛余 2％，比表面积 330m²/kg。

（2）T-Sepax 高效三分离选粉机技术特点：① 三分离选粉机选粉效率达 85％以上，回粉中 45μm 以下颗粒含量仅 5％以下。特别对 30μm 以下颗粒的选净率可高达 98％以上；② 工艺结构紧凑，布置简单，自带成品收集系统，减少了设备投资，设备总装备功率比 O-Sepa 选粉机及组合式选粉机低几十个千瓦；③ 无须配置大功率、大处理风量的气箱脉冲布袋除尘器，便可方便地实现无尘作业（指选粉机系统）；④ 适合与高细磨相配套使用，使得系统既有高产量又有高质量，即合理的颗粒级配。

2. 技改情况

采用 T-Sepax 高效三分离选粉机技改后，其设备配套情况见表 6-7。

表 6-7 设备配套情况

名称	规格型号
选粉机	T-Sepax-Ⅷ，产量：75～110t/h；选粉效率：80％～90％；最大物料处理量：330t/h；处理风量：95000m³/h；主轴转速：120～240r/min；主轴电机：（变频调速）Y225M-6，45kW；配套风机：SCF-12No16B；电机功率：200kW；转速：1050r/min（带弹性减震垫）
磨尾提升机	最大输送量 240t/h，可以选用 NE200 板链式提升机
粗粉回料空气输送斜槽	XZ500 输送量 170t/h
磨尾的主风机	风压：2800～3200Pa；流量：42000～45000m³/h
气箱脉冲袋式除尘器	JQM96-8

（1）为减轻过粉磨现象与破碎研磨功能不明确等现象、改善磨内工况，同时消除研磨体反分级现象。将原有的四仓磨机该成三仓磨，细分破碎、中碎、研磨功能到三个仓，一、二仓与二、三仓之间均采用双层筛分隔仓板装置，一、二仓之间的筛缝为 4mm，二、三仓之间的筛缝为 2.5mm，隔仓篦板篦缝为 6mm，隔仓盲板开有

6mm 的通风孔，以保证磨机内的通风。磨尾出料箅板采用小箅缝（＜6mm）专用卸料装置，调整扬料板的尺寸，控制物料在三仓的停留时间，保证出磨物料中成品的含量。

（2）根据入磨粒度及易磨性，调整一、二仓长度及钢球级配与平均球径。

（3）调整三仓研磨体表面积，即调整研磨体规格，提高研磨能力，控制出磨细度 30%～35%（0.045mm 方孔筛筛余），循环负荷率在 80%～100% 左右，可充分发挥选粉机的高效选粉能力，从而提高磨机系统产量。

3. 使用效果

系统综合技术配套以后，水泥细度 0.08mm 方孔筛筛余≤2%，比表面积 330m^2/kg。磨机系统产量在原基础上提高 40% 以上，由 52t/h 增加到 78t/h 以上。电耗比开流磨机低 25% 左右，吨水泥电耗不超过 26kWh/t，钢球、衬板消耗比开流磨机低 8%～10%。

4. 分析点评

T-Sepax 高效三分离选粉机突破常规闭路粉磨系统"粗、细粉"二分离理论，将物料"一分为三"，即粗粉、中粗粉和细粉。在工作状态下，高速电机通过传动装置带动立式传动轴转动，物料通过设在选粉机室上部的进料口进入选粉室内，再通过设置在中粗粉收集锥的上、下两锥体之间和通粉管道落在撒料盘上，撒料盘随立式传动轴转动，物料在惯性离心力的作用下，向四周均匀撒出，分散的物料在外接风机通过进风口进入选粉室的高速气流作用下，物料中的粗重颗粒受到惯性离心力的作用被甩向选粉室的内壁面。碰撞后失去动能沿壁面滑下，落到粗粉收锥中，其余的颗粒被旋转上升的气流卷起，经过大风叶的作用区时，在大风叶的撞击下，又有一部分粗粉颗粒被抛到选粉室的内壁面，碰撞后失去动能沿壁面滑下，落到粗粉收集锥中。中粗粉和细粉通过大风叶后，在上升气流的作用下，继续上升穿过立式导向叶片进入二级选粉区。含尘气流在旋转的笼形转子形成的强烈而稳定的平面涡流作用下，使中粗粉在离心力的作用下被抛向立式导向叶片后失去动能，落到中粗粉收集锥中，通过中粗粉管排出。符合要求的细粉穿过笼形转子进入其内部，随循环风进入高效低阻型旋风分离器中，随后滑落到细粉收集锥内成为成品。

T-Sepax 高效三分离选粉机系统配置简单、成本低廉，能大幅度提高磨机产量。其内部结构合理，选粉效果显著。

6.3 辊压机＋球磨机联合粉磨改双闭路水泥半终粉磨

江苏某水泥有限公司 2012 年底投产时，其主要设备为：ϕ1800×1200 辊压机＋V选＋ϕ4.2×13m 球磨机＋O-Sepa 4500 选粉机＋大布袋收尘的传统联合粉磨工艺系统（图 6-1）。2013 年 3 月来，对该系统分三步进行了技术改造。具体情况为：2013 年 3 月，进行了一期改造，在原有工艺流程基础上进行了双闭路半终粉磨技术改造（图 6-2）。根据一期改造后的生产情况，2014 年 3 月，实施了二期技改，将磨尾 O-Sepa N-4500 选粉机更换为 JNDTS-5000 高分散型涡流选粉机（图 6-3）。2015 年 6 月，针对水泥成品需水量问题，进行了新增整形选粉机及反向螺旋装置进行三期技改（图 6-4）。通过三次技术改造取得了良好的效果。

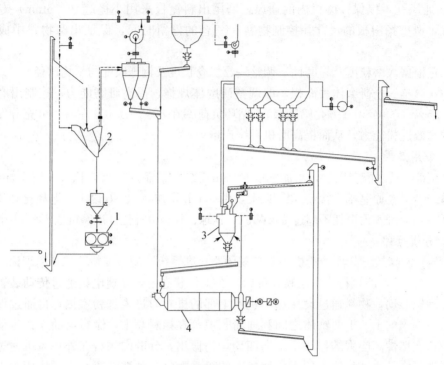

图 6-1　原工艺流程图

1—辊压机；2—V 型选粉机；3—O-Sepa 涡流选粉机；4—球磨机

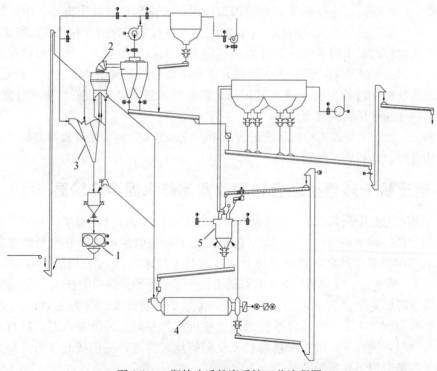

图 6-2　一期技改后粉磨系统工艺流程图

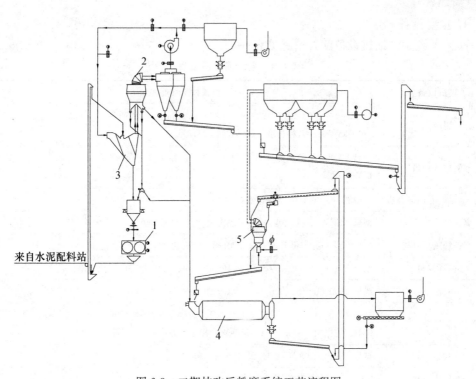

图 6-3　二期技改后粉磨系统工艺流程图

1—辊压机；2—预粉磨专用分级机；3—V 型选粉机；4—球磨机；5—高分散型涡流选粉机

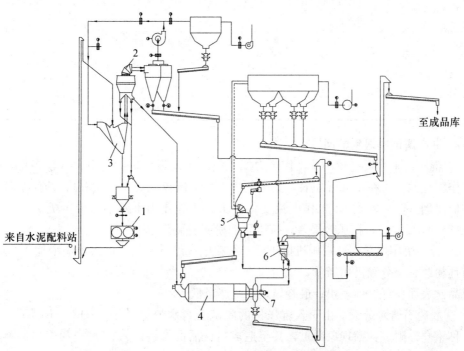

图 6-4　三期技改后粉磨系统工艺流程图

1—辊压机；2—预粉磨专用分级机；3—V 型选粉机；4—球磨机；

5—高分散型涡流选粉机；6—整形选粉机；7—反螺旋装置

1. 主要设备

工艺系统主、辅机设备配置情况见表6-8。

表6-8 主、辅机设备表

主、辅机设备名称	设备技术性能参数
辊压机	型号 180～120、辊径 1800mm、辊宽 1200mm、物料通过量 ≥850t/h、主电机功率 14000kW×2、入料粒度≤50mm（≥95%）
V 型选粉机	型号 VX9620F 喂料能力 600～1200t/h、选粉风量 180000～320000m³/h、风压 1.0～1.5kPa
预粉磨系统专用分级机	喂料能力≥560t/h、选粉能力≥300t/h、主电机功率 90kW
高速链式提升机	型号 NSE300、提升能力≥250t/h、电机功率 45kW
高速链式提升机	型号 NSE1150、提升能力≥1200t/h、电机功率 160kW×2
循环风机	型号 Y5-48-14NO.27.7F 风量 310000m³/h、风压 4500Pa、风机电机功率 560kW
系统风机	风量 320000m³/h、风压 5500Pa、风机电机功率 710kW
管磨机	规格 φ4.2×13m（双滑履中心传动）、筒体工作转速 15.6r/min、设计研磨体装载量 234t、主电机功率 10kV～3550kW（额定电流 243A、配置进相器）、设计产量 180t/h
主减速器	型号 JS150B、速比 i=47.295∶1
磨尾提升机	型号 ZYL800、物料提升量 MAX 8000t/h、功率 160kW
系统袋收尘器	型号 FDP136-2X15 处理风量 320000m³/h、总过滤面积 5498m²、过滤袋数目 4080 条
磨尾收尘风机	型号 Y5-48-11NO13.5D、风量 55000m³/h、全压 4500Pa、风机电机功率 110kW（变频调速）
磨尾袋收尘器	型号 FDP128-6、处理风量 50000m³/h、总过滤面积 956m²
气箱脉冲收尘器	型号 LFGM128-2×16、总过滤面积 5100m²、处理风量 290000m³/h、入口浓度≤1300g/Nm³、出口浓度 30≤mg/Nm³
成品入库提升机	型号 NSE300、提升能力≥250t/h、电机功率 45kW

2. 生产调试中遇到的问题

① 辊压机工作辊缝较小及工作压力偏低。由于入辊压机物料中含有较多粉料，导致工作辊缝偏小，在 15mm 左右，其主电机工作电流较低（50A 左右），即使调节入料斜插板比例（95% 左右），工作电流变化不大，工作压力上不去，辊压机工作压力在 7.0～8.0MPa 左右，挤压效果差，挤压后细粉明显偏少。

② 分级机用风量小。辊压机挤压后，细粉中成品量不足，以致不能增加 V 型选粉机与预粉磨系统分级机用风量，风量仅在 50% 左右。当增加系统风机风量时，造成水泥成品比表面积低、细度粗；最终导致系统产量低。

③ 脱硫石膏水分大。由于入辊压机的脱硫石膏水分达到 8%～12% 不易下料、计量，称重仓黏附、挂壁现象严重，甚至造成挤压后的料饼进入 V 型选粉机内部不易散开，影响分级效果。

④ 球磨机粉磨能力较差。经计算磨内每米研磨体增加物料比表面积为 7.2m²/kg，而一般情况，带有选粉机的水泥半终粉磨系统，由于预先分离出成品，入磨物料中的

合格产品量极大地减少，有效避免了磨内的"过粉磨"、细磨仓研磨体与衬板表面黏附现象，研磨体研磨能力提高，每米应能增加物料比表面积 $10m^2/kg$ 以上。

⑤ 一、二期改造后水泥成品标准稠度需水量较高，由改造前的 26.9% 左右增加到27.7% 左右。

3. 分析及解决措施

① 辊压机工作压力及辊缝。首先对入辊压机熟料采取先进 V 型选粉机分选的措施，以减少粉状料；其次，严格控制称重仓的料位，控制在 70%～80%，以有效形成入机料压，实现过饱和喂料；第三，辊压机工作压力由 7.0～8.0MPa，调至 8.0～8.5MPa；第四，辊压机工作辊缝由原 15mm 左右，调整至 30mm 左右；入料斜插板比例拉开至 85% 以上，以实现过饱和喂料；调整后辊压机主电机工作电流（额定电流105A）由 50A 提高至 60～80A 挤压做功能力显著提高，经由 V 型选粉机分级后的物料 $80\mu m$、$R45\mu m$ 筛余量明显减少，比表面积提高，合格品比例大幅度增加。

② 最大限度的提高进辊压机物料的堆积密度，特别是细料的量应控制在一定的范围，过多的细料量（特别是 <0.2mm 以下的细料）会极大地影响辊压机挤压效果；通过调整预粉磨系统分级机的粗料回料量，找到一个最佳的平衡点，在确保细度的情况下，使辊压机尽量多出合格的成品，以提高产量。

③ 脱硫石膏水分及下料处理。进厂脱硫石膏水分较大，实施入堆棚预先存放措施、分批周转取使用的方法。

④ V 型选粉机及预粉磨系统专用分级机用风量。在半终粉磨系统中，由于 V 型选粉机与预粉磨系统专用分级机共用一台循环风机，在满足水泥质量控制指标的前提下，应尽量采用大风操作方式，以最大程度将辊压机段创造的成品分选出来，风机的风门开度由原 60% 提高至 80% 以上。

⑤ 球磨机研磨体级配调整。物料经辊压机高压挤压后，通过 V 型选粉机分级出细粉（$<80\mu m$ 以下颗粒占 70%～85%、基中 $<30\mu m$ 以下颗粒为 20% 左右）和粗粉，其粗粉返回辊压机，细粉随风进入预粉磨分级机，分级机将粉料分为三部分：$\leqslant30\mu m$ 的颗粒作为成品，30～$200\mu m$ 中粗粉入球磨机粉磨，$\geqslant1mm$ 大颗粒和 1～$200\mu m$ 的粗粉回辊压机或部分入球磨机粉磨（视系统情况而定）。增加了隔仓板、出磨篦板的通风面积。根据入磨物料细度、比表面积等参数，重新设计、调整了各仓级配。同时，根据磨机主电机及主减速机的驱动功率富裕系数，合理增加细磨仓微粉研磨体装载量，提高了研磨体的总研磨面积，有效提高细研磨体对物料的细研磨能力；在磨机有效长度范围内平均每米研磨体创造比表面积达到 $13.6m^2/kg$，比调整前提高了 $6.4m^2/kg$。

⑥ 针对需水量较高的问题，在球磨机二仓增加了反螺旋装置进料装置，将经球磨机粉磨后大于 30～$45\mu m$ 的颗粒和未经球磨机粉磨的 15～$35\mu m$ 送入磨机二仓前端，进行粉磨和整形，使水泥成品颗粒更趋近于球形。

4. 效果

该系统通过三期技改后，生产 P·O42.5 水泥的水泥配比为：熟料：火山灰：脱硫石膏：石灰石＝81：8：6：5，月度平均台时产量达由 210t/h 提高到 320t/h，改造前后情况比较见表 6-9。通过改造和调整，该半终粉磨工艺系统增产、节电效果显著，水泥质量相当。

表 6-9　三次技改前后产质量、能耗情况

项目	水泥品种、等级	台时产量/（t/h）	比表面积/（m²/kg）	45μm 筛余/%	需水量/%	粉磨电耗/（kWh/t）
改造前	P·O42.5	210	360~370	7~9	26.9	32
一期改造	P·O42.5	300	340~350	6~7	27.7	26
二期改造	P·O42.5	320	340~350	6~7	27.5	24
三期改造	P·O42.5	320	340~350	6~7	26.7	24

5. 分析点评

辊压机料床挤压粉磨技术特性，经高压（≥150MPa）挤压后的物料，其内部结构产生大量的晶格裂纹及微观缺陷，出辊压机物料＜80μm 及以下颗粒达到 65% 以上，＜45μm 以下细粉含量增多，由于颗粒内部裂纹和微观缺陷增加，易磨性明显改善；相对于球磨机而言，一仓破碎功能被移至磨前，相当于延长了管磨机细磨仓，可充分发挥研磨体对物料的细磨能力，从而大幅度提高了系统产量，降低系统粉磨电耗。

该半终粉磨系统改造适合于辊压机功率/球磨机功率配置大于 0.5 的情况，采用半终粉磨系统改造后水泥粉磨电耗得到大幅度下降，与传统的闭路水泥粉磨相比，电耗减少 6~10kWh/t。

辊压机水泥半终粉磨工艺系统（或联合粉磨工艺系统）的共同特点是：辊压机及分级设备的投入，系统以双闭路"分段粉磨"，充分发挥辊压机系统料床粉磨的技术优势及其较大的处理能力，辊压机段做功越多，对系统增产节电越有利；辊压机吸收功耗一般在 7.5~13kWh/t，辊压机的吸收功耗越多，后续球磨机段节电效果越显著。基本规律是：辊压机吸收功多投入 1kWh/t，则后续球磨机系统节电 1.5~2kWh/t。

该案例水泥成品经过双旋风筒收集，后续管道与系统风机中的粉尘浓度显著降低，消除了原粉磨工艺系统中导致管道与循环风机叶轮磨损严重的因素，降低了系统设备磨损，设备磨耗量明显降低、整个系统粉磨电耗低。

6.4　水泥磨改建双闭路辊压机半终粉磨系统

安徽某水泥公司与合肥某院、江苏某公司合作，将已完成土建施工的 2# 水泥磨改建为辊压机半终粉磨系统，取得了良好效果。

1. 工艺简介

辊压机闭路系统：物料经辊压机挤压后由循环斗提机提升入 V 型选粉机，经 V 型选粉机分级的粗颗粒回到辊压机中间仓继续挤压，较细颗粒随气流进入"下进风式"的双驱双转笼预粉磨分级机。经分级机分选后，大于 200μm 的颗粒回到辊压机继续挤压，30~200μm 进球磨机粉磨，小于 30μm 的颗粒随气流进入两个旋风筒进行固气分离，分离后的物料通过球磨机尾部的反螺旋装置进入球磨机二仓进行整形。

球磨机闭路系统：经辊压机破碎后 30~200μm 的物料，喂入球磨机被进一步粉磨，出球磨机物料经高效选粉机分选，细粉作为产品，中、粗粉经反螺旋装置进入球磨机二仓、粗粉进入球磨机一仓继续粉磨。

其工艺流程如图 6-5 所示。

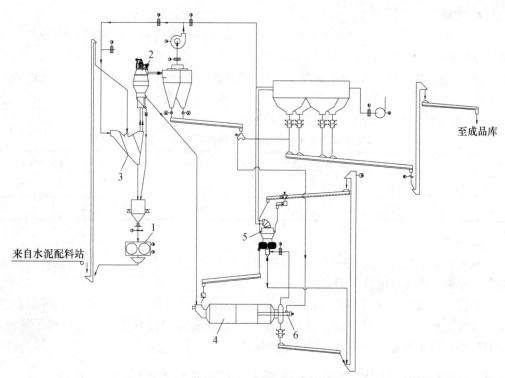

图 6-5　2♯水泥磨工艺流程图

1—辊压机；2—双转笼分级机；3—V 型选粉机；4—球磨机；5—涡流选粉机；6—螺旋进料装置

2. 粉磨系统主机配置

表 6-10　粉磨系统主机情况

序号	设备名称	规格型号	主要参数
1	辊压机	φ180～120	通过能力：610～850t/h
	辊压机电机	YRKK560-4	1250kW×2
2	V 型选粉机	V4500	处理风量：180000～280000m³/h
3	双传动双转笼分级机	TSS-4500	处理风量 270000m³/h
4	双旋风筒	2-φ3700mm	处理风量：210000～240000m³/h
5	水泥磨	φ4.2×13m	电机功率：3550kW
6	高分散型涡流选粉机	JNDTS-5000	处理风量：300000m³/h

3. 操作控制要点

辊压机及 V 型选粉机物料控制要求：经辊压机一次挤压≤80μm，30％以上；V 型选粉机出口物料≤30μm，20％以上；≤80μm，最好 70％以上；≤150μm，一般达 95％以上。

辊压机系统选粉机成品质量控制要求：45μm 筛余≤4％。

严格执行上述过程质量控制指标要求，是半终粉磨系统成品质量、产量、综合效益大幅度提高的关键。

4. 效果

2015年元月投产，经过几个月的运行，ϕ4.2×13m磨机系统系统，生产P·O42.5水泥（物料配比：熟料81.4%，矸渣10%，石膏5.6%，石灰石3%），成品比表面积≥360m²/kg、台产量达到300t/h左右。2♯水泥磨电耗较1♯水泥磨（单闭路粉磨系统）低7kW/h。

2♯水泥磨与1♯水泥磨生产情况比较见表6-11。

表6-11 2♯水泥磨与1♯水泥磨（闭路粉磨系统）生产情况比较

名称	产品	0.045mm 筛余/%	比表面积/(m²/kg)	台产/(t/h)	电耗/(kWh/t)
2♯水泥磨	P·O42.5	6.2～6.9	360～380	280～300	25～26
1♯水泥磨	P·O42.5	6.2～6.9	360～380	210～220	33～34

5. 分析点评

双闭路半终粉磨系统实现了"分段粉磨、多级分选"，突出了"球磨机内以磨细为主"的原则，系统节电效果明显。

任何选粉机的分级过程都可以简单地分三个环节：分散、分级、收集。分散是前提，分级是核心，收集是保证。成品收集的问题随着除尘技术的发展已得到了解决，而新型高效选粉机是实现有效分级的重要保证。

6.5 用 Sepax 替代 O-Sepa 选粉机改造 ϕ4.2×13m 水泥磨

江苏盐城某机械制造有限公司用 Sepax 选粉机替代 O-Sepa 选粉机对江苏某水泥有限公司的一台 ϕ4.2×13m 水泥磨进行了改造，取得良好的效果。

1. 基本情况

水泥磨规格为 ϕ4.2×13m，闭路流程，磨前配套 ϕ1500×900 挤压机，配套 O-Sepa 3000 选粉机，42.5级水泥产量160t/h左右，成品比表面积≥350m²/kg。

2. 改造措施

（1）采用 Sepax-3000 型吉达涡流选粉机替代原 O-Sepa 3000 选粉机。Sepax 吉达涡流选粉机系统工艺配置为：磨机独立配套一台小型 JQM96-8 气箱脉冲袋式除尘器用于磨机内通风除尘，风量53000m³/h左右，选粉机选粉空气机内循环，自带高效低阻旋风筒收集成品，无须配置大功率、大处理风量的气箱脉冲布袋除尘器，便可方便地实现无尘作业（指选粉机系统）。改造的设备性能参数见表6-12。

表6-12 改造的设备性能参数

名称	规格型号
选粉机	Sepax-3000 台时产量150～200t/h；最大处理能力600t/h；主轴电机功率：90kW；型号：Y280S-4；主轴转速：130～210r/min
选粉机风机	型号：SCF-12N～18C；风量：184910m³/h；全压：6384Pa；电机功率：315kW；电机型号：Y355M-4
除尘器	风量：56000m³/h；阻力：1470～1770Pa

改造前后整机功率配置比较见表 6-13（不含磨机功率）。由表 6-13 可知，使用 O-Sepa选粉机比 Sepax 高效涡流选粉机高出 350kW 左右，高功率配置必然会带来较高的能耗，无论是从初期的一次设备投资或后期的设备运行费用看，都是不经济的。

表 6-13 改造前后整机功率配置表（不含磨机和输送设备功率）

分项	名称	性能参数	单位	数量	备注
Sepax-3000 涡流选粉机（总功率：90＋315＋75＝480kW）	主轴电机	Y280S-4 90kW	台	1	
	风机电机	Y355M-4 315kW	台	1	磨机除尘器风机电机：75kW
	风机	选粉机风量：184910m³/h＋56000m³/h	台	2	磨机除尘器风量：56000m³/h
	减速箱	B2SV06B	台	1	
	油站	XYZ-30G	台	1	
O-Sepa 选粉机（总功率：132＋630＋75＝837kW）	主轴电机	Y315M$_2$-4，132kW	台	1	
	风机电机	630kW	台	1	
	风机	风量：201900m³/h	台	1	
	减速箱	B2SV06B	台	1	
	油站	XYZ-30G	台	1	

（2）磨机除尘器及风机。采用 Sepax-3000 型吉达涡流选粉机后，磨尾原气箱脉冲除尘器继续使用，但所需的磨尾风机风量大大减小，根据闭路磨通风量，宜选择 1.0～1.2m/s 的磨内风速，减少磨内过粉磨现象并及时排出热量及水汽，系统漏风系数取 1.5，通风量为：

$$Q = \pi r2 \times v \times (1-\psi) \times 1.2 \times 3600$$
$$= 3.14 \times (4.0 \div 2 - 0.05)^2 \times 1.2 \times (1-0.3) \times 1.5 \times 3600 = 54160 m^3/h$$

则由磨尾风机风量由 201900m³/h 减小为 54160m³/h。

（3）磨内技术改造。① 研磨研体：一仓研磨体采用 φ90～φ50mm 钢球，尾仓以微球为主，规格为 φ14mm、φ18mm 和 φ20mm；② 隔仓板：一、二仓隔仓板采用双层筛分隔仓板，弧形筛板，筛缝 2.5mm，一仓端面篦板篦缝 8mm；二仓端采用带通风孔的护板，出料篦板篦缝 6mm，或采用高细磨专用出料装置，见图 6-6；调节磨尾扬料板尺寸，控制尾仓内出磨物料流速，使出磨物料中含有一定量的成品颗粒，通常出磨物料筛余控制在 20％～25％左右（80μm 筛余）。

3. 效果

（1）粉磨 42.5 级水泥，比表面积 340m²/kg 左右。系统台时产量由 150t/h 左右增加到 165t/h 左右，增产 10％左右。

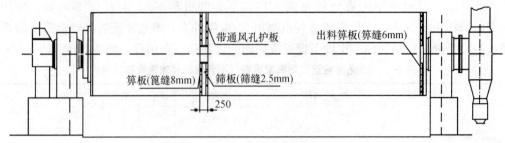

图 6-6　磨内隔仓板示意图

（2）系统电耗同比下降 30％，吨水泥粉磨电耗 30kWh/t 以下，同时钢球、衬板消耗下降 8％。

4. 分析点评

Sepax 选粉机与 O-Sepa 选粉机相比，其主机部分与 O-Sepa 选粉机投资价格相当，但 O-Sepa 选粉机需配套一台大型脉冲除尘器收集成品，而 Sepax 吉达涡流选粉机仅须一台处理量小得多的除尘器用于磨机通风除尘，其一次投资要少得多。Sepax 吉达涡流选粉可在正压下工作，细粉收集采用高效旋风筒即可，无需再配置庞大的气箱脉冲袋式除尘器，这样不但降低了粉磨电耗，而且也降低了投资费用（省去了气箱脉冲袋式除尘器）和维护保养费用。

经济效益分析：① 系统节电效率：系统电耗同比下降 30％以上（10kWh/t 左右），水泥粉磨电耗 30kWh/t 以下，以台时 165t/h 年运行 300 天计算，平均综合电费按 0.50元/kWh 计算，则每年节电可节约的费用为：$165 \times 24 \times 300 \times 10 \times 0.50 = 5940000$ 元；② 增产效率：以平均增产 15t/h 计算，每吨效益按 15 元计算，$15 \times 24 \times 300 \times 15 = 1620000$ 元。二者综合年增效益为 756 万元，则投资回收期计算如下：

该改造总投资以 132 万元计算，则回收期为：

$132 \times 365 / （594 + 162） = 63$ 天；即配套形成闭路高细粉磨工艺后，投资回收期仅 2～3 个月。

6.6　预粉磨＋FPS 粗粉分级机系统节能高产

贵州某水泥厂采用预粉磨（立磨）＋FPS 粗粉分级机及双进料球磨机圈流粉磨系统，其流程图见图 6-7。立磨预粉磨后的细粉及颗粒状混合料，经 FPS-15 粗粉分级机进行机械筛分，细粉从混合料中被分离后喂入 $\phi 3.5 \times 13m$ 球磨机、粉磨后经 T-Sepax 选粉机进行选粉，将成品从混合料中分离，从而解决了球磨机的过粉磨现象，产量提高，能耗降低。生产 P·C32.5 水泥台时产量稳定在 130t/h 左右，最高产量达到 140t/h，单位粉磨能耗在 21kWh 以下，水泥配合比为熟料∶石子∶石膏∶矿渣∶粉煤灰＝58∶16∶4∶6∶16。

FPS 粗粉分级机采用的是机械物料分级，这比风选流体分级能耗明显降低，机械分级能耗是风选流体分级能耗的 1.25％。贵州某水泥有限公司安装的 FPS 粗粉分级机，筛粉面积为 15m²，筛子缝隙为 4mm，分级粒度为小于 3mm，筛网采用不锈钢丝编织筛，筛分效率达到 95％，使用寿命达半年以上。

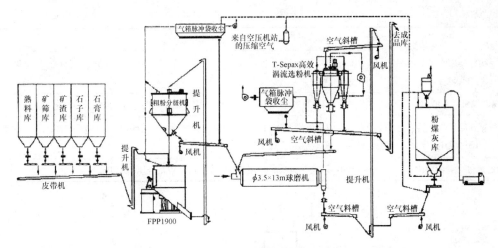

图 6-7　预粉磨＋FPS 粗粉分级机及双进料球磨机圈流粉磨系统

6.7　双分离式高效选粉机的改造

　　山西某水泥有限责任公司用的是两套配置相同的半终粉磨系统，使用的选粉机为双分离式高效选粉机，但是该选粉机在试生产及日常使用过程中出现问题较为频繁，主要有（选粉效率低）部分部件设计不合理造成频繁停机以及水泥颗粒级配不合理等现象。通过双分离式高效选粉机内部的改造，解决了制约选粉机稳定运行方面的问题，选粉机运行的可靠、选粉效率和磨机台时产量都有较大幅度提高，水泥电耗分别降低 4.2kWh/t 和 5kWh/t。

1. 主要设备及工艺流程

　　混合料经皮带秤计量后送至稳流仓，细粉煤灰和脱硫石膏直接加入水泥磨磨头溜管处，从辊压机出来的料饼经提升机至 V 型选粉机进行粗选，粗粉经稳流仓返回辊压机继续挤压。出 V 型选粉机的含尘气体作为组合式高效选粉机的分选风，分选后细粉直接进入成品；粗粉进入水泥磨，入磨物料由高效选粉机分选下来的粗粉、粉煤灰和脱硫石膏组成。出磨物料经提升机、斜槽输送至高效选粉机进行分选；成品经主袋除尘器收集后入成品库；粗粉则重新回磨。主要设备技术参数见表 6-14。图 6-8 为选粉机结构示意图。

表 6-14　主要设备技术参数

主要设备	技术参数
辊压机	JGY2-1614，辊子规格 $\phi 1600mm \times 1400mm$，通过量 600～800t/h，电动机功率 1120kW $\times 2$
V 型选粉机	VX4000，通过量 1000t/h，生产能力 160～275t/h（比表面积 175m²/kg），风量 180000～280000m³/min，设备阻力 1000～1500Pa
水泥磨	$\phi 4.2m \times 13m$（闭路），产品比表面积 350～380m²/kg，系统能力 150t/h，装机功率 3550kW
双分离式高效选粉机	L-SEP3250，通过量 800t/h，产量 180t/h，风量 240000m³/h，主轴转速 135～200r/min，成品比表面积 360m²/kg

主要设备	技术参数
气箱脉冲袋收尘器（主收尘）	LFGM128-2×14，处理风量 260000m³/h，系统阻力 1500～1700Pa，气体工况温度＜120℃（max150℃）
离心风机（主收尘）	YRKK560-6，风量 285000m³/h，功率 900kW，工作温度 100～120℃
气箱脉冲袋收尘器（磨尾收尘）	LFGM128-5，处理风量 50000m³/h，过滤面积 800m²，系统阻力 1450～1770Pa，气体工况温度 80～120℃
离心风机（磨尾收尘）	Y5-48NO12D，风量 50000m³h，电动机功率 110kW，全压 4500Pa

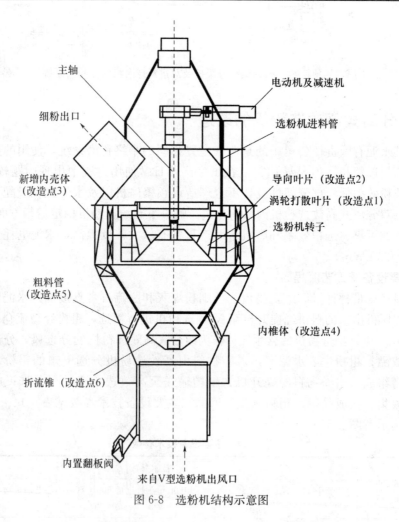

图 6-8　选粉机结构示意图

2. 运行过程中主要问题

（1）选粉效率偏低。分别用 80μm 和 40μm 筛余进行计算，选粉效率在 50%～60%，选粉效率偏低。回粉中含有大量成品，特别是 30μm 以下的颗粒进入磨机。

（2）选粉机部分设计和制造存在问题较多。① 上下壳体设计不合理，采用垂直的上壳体结构，不利于选粉区域上下风速与风压的稳定；② 粗粉回料部分结构不合理，内锥体与粗粉下料溜子间连接下料管道较细，出现下料管堵塞；③ 导向叶片设计不可靠，叶片上下为可调节形式，但实际运行中当主排风拉大时经常出现自动闭合的情况；④ 转子叶片磨损脱落严重，基本每次停机检查都有脱落现象。

（3）水泥成品颗粒级配不合理。水泥成品颗粒级配中 3～8μm 颗粒含量在 18%（一般在 10%～15%），说明该范围内细料含量较多，但 3～32μm 颗粒含量在 62.73% 左右，低于目标值 65%～70%，细颗粒含量较多，水泥需水量大。

3. 主要改造内容

（1）加大选粉机选粉区域。原选粉机选粉区域设计过窄，为 110mm，改造后增大为 190mm，选粉机选粉区域的尺寸根据选粉机的处理量和风量来决定，该选粉机的设计风量应为 240000m³/h，处理量 700～900t/h。

（2）优化上壳体结构。在选粉机上壳体内部增加一层内壳体，改变现在垂直的上壳体结构，改变了现有分选区域气流方向，确保了选粉区域上下风速和风压的稳定，见图 6-8 改造点 3。

（3）改造选粉机下料系统。下料管由圆管改成 300mm×300mm 的方管（图 6-8 改造点 5），提高下料能力；折流锥加大，由 φ1600mm 加大到 φ1900mm（图 6-8 改造点 6），为了避免进入内锥体的粗粉再次回到进风管道，重新更换了内锥体（图 6-8 改造点 4）。

（4）导向叶片的改造和更换。导向叶片尺寸为 150mm×1890mm，两块叶片垂直间隙 40mm；新导向叶片分为上下两块（图 6-8 改造点 2），单块尺寸 240mm×1030mm，用螺栓固定，两块叶片垂直间隙 60mm，固定基板高度 70mm，固定方式见图 6-9。

（5）转子部分重新设计和更换。将原来有一定倾斜角度的叶片设计为垂直叶片，垂直的叶片相对于倾斜的叶片对选粉效率的提高有较大帮助；靠近转子叶片处增加涡流，打散叶片（图 6-8 改造点 1）。打散叶片把转子中间的涡流打散，变旋转上升为直线上升；改造前后的转子见图 6-10。

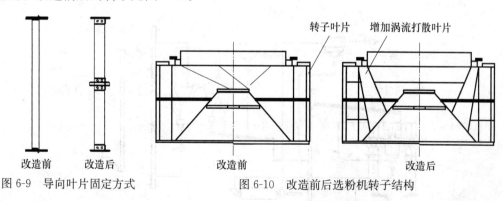

图 6-9　导向叶片固定方式　　　　图 6-10　改造前后选粉机转子结构

4. 效果

（1）选粉机折流锥与内锥体间隙的调整，初次调整为 60mm，间隙偏大，造成进磨物料少，回辊压机小仓的料多，后来根据生产实际，间隙调整为 20mm，使系统得以平衡。

（2）合理控制磨内物料的流速，调整磨尾风机挡板的开度，确保球磨机有较高的粉磨效率，以达到选粉机选粉效率的大幅提升。

（3）合理控制磨机系统的循环负荷，提高辊压机系统的循环量；通过新增加冷风阀开度的调整做到系统风量的匹配。

（4）选粉机改造后，随着系统的调整和稳定运行，磨机台时产量有了大幅提高，同时随着选粉机内部结构的合理调整，选粉效率有了大幅提高，水泥成品颗粒级配较以前有较大改善（表6-15）。

表6-15　水泥成品颗粒分布（P·O42.5）

粒径	$<3\mu m$	$3\sim32\mu m$	$32\sim65\mu m$	$>65\mu m$
改造前	16.86	62.73	15.82	1.35
改造后	10.89	72.31	15.82	0.15

5. 分析点评

对双分离式高效选粉机进行合理的改造后，首先是提高辊压机做功效果和V型选粉机物料的分选效果，达到选粉机能力的最大限度发挥。同时合理调整工艺参数，要根据辊压机系统和磨机系统的平衡来进行，既关注进磨物料量的稳定，也要关注辊压机稳流仓的稳定，高效选粉机能力的发挥和系统的整体调整有较大的关系，这样才能保证高产低耗。

6.8　水泥闭路联合粉磨系统的改造

内蒙古某水泥公司水泥粉磨生产线A线和B线配置两套完全相同的闭路联合粉磨工艺系统（图6-11），HFCG160-140辊压机＋V型选粉机＋$\phi4.8m\times9.5m$双层隔仓磨＋JXF 6700组合式旋风式选粉机。该粉磨系统产能不稳定，生产P·O42.5水泥，比表面积为370m²/kg；系统能力为160～170（max180）t/h；单位水泥综合电耗达到40kWh/t左右。为此进行了技改，取得良好效果。

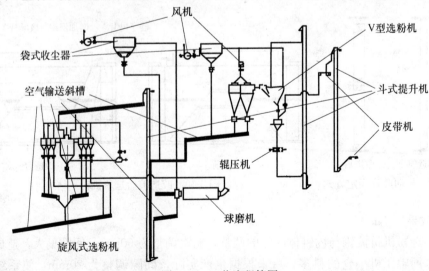

图6-11　工艺流程简图

1. 主要问题

(1) 磨机研磨能力较差。管磨机的轴向长度平均每米研磨比表面积通常为 $10m^2/kg$，该磨机每米仅为 $6.57m^2/kg$。

(2) 选粉机性能较差。该选粉机为第二代选粉机，直径为 6.7m，选粉机喂料为 $750\sim800t/h$，额定空气流量为 $421800Nm^3/h$。选粉机效率（$80\mu m$）在 30% 左右。

2. 改造措施

(1) 更换现有的选粉机，采用 CPB 的 QDK 248-Z 型选粉机，其带有 2 个旋风筒。由于 QDK 选粉机单位风量处理粉料量大，所以 $450000m^3/h$ 风量的风机可以更换为风量 $278000m^3/h$ 的风机，进而使得装机功率下降 425kW。

(2) 拆除磨机中间隔仓板，更换现有磨机入口处的提料衬板为 CPB 衬板，并将粉煤灰从喂入现有的磨机入口改到喂入磨机卸料口斗提机，以便改进粉磨效率，改造后工艺流程见图 6-12，改造后主要设备参数见表 6-16。

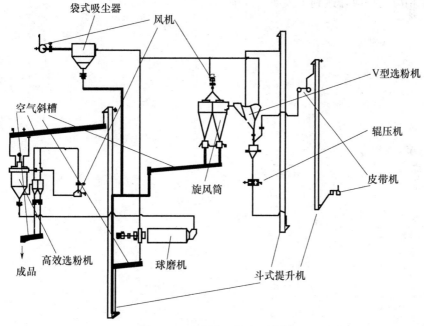

图 6-12 改造后工艺流程简图

表 6-16 改造后主要设备参数

设备名称	型号	能力/风量	功率/kW
斗式提升机	NE200×31.350m	260t/h	45
斗式提升机	NSE1000×41.0m	1000t/h	220
辊压机	HFCG160-140	675～780t/h	2240
风机（选粉机循环风用）	RZ48-2480D	278000m³/h（90℃）	575
旋风式选粉机	QDK248-Z	198t/h	315
水泥磨	φ4.8m×9.5m	160～170t/h	3550
提升机	NSE1000×43.825m	800t/h	185

3. 系统改造后效果

改造后粉磨系统中选粉机由二代旋风式选粉机升级到三代高效选粉机，磨机由二仓磨改为一仓磨，内部提料衬板形式调整为 CPB 衬板，降低了循环负荷。

改造前 A 线粉磨系统与 B 线粉磨系统是完全相同的工艺配置，为考核验收 B 线改造效果，A 线与 B 线在相同物料、相同配比、相同水泥比表面积控制范围条件下先后生产 P·O42.5 水泥，考核两条水泥生产线的台时、电耗、质量指标。生产 P·O42.5水泥的配比为熟料：脱硫石膏：矿渣：石灰石：粉煤灰＝77：5：8：5：5，在产品比表面积相同情况下，A 线台产为 172.62t/h，B 线台产为 195.31t/h，可提高 22.7t/h 左右，电耗降低 5.59kWh/t 左右。

4. 分析点评

高效选粉机替代第二代选粉机后，由于选粉效率的提高及系统其他参数的变化，应对系统进行整体优化调整。该案例在选粉机改造的同时，对磨机内部结构、排风机等进行了相应的技改，达到了预期的效果。

参 考 文 献

[1] 张长森. 粉体技术及设备 [M]. 上海：华东理工大学出版社，2007.

[2] 张进韶. 如何用特劳姆曲线来评价选粉机的性能 [J]. 江苏建材，1995，(3)：10-12.

[3] 李征宇. 选粉机的现状与发展趋势（上）[J]. 中国水泥，2013，(10)：61-64.

[4] 李征宇. 选粉机的现状与发展趋势（中）[J]. 中国水泥，2013，(11)：86-87.

[5] 李征宇. 选粉机的现状与发展趋势（下）[J]. 中国水泥，2013，(12)：60-63.

[6] 黄有丰，史新，杨效东，等. 谈谈新型高效旋风式选粉机 [J]. 水泥，1989，(1)：2-7.

[7] 李建功，许卫革. V型选粉机的结构参数分析 [J]. 矿山机械，2009，(11)：99-101.

[8] 周贵鸿. SEPOL 型高效选粉机存在的问题及改造思路 [J]. 新世纪水泥导报，2005，(1)：35-36.

[9] 江旭昌. 高效选粉机的粉磨系统（一）[J]. 中国建材装备，1997，(2)：3-7.

[10] 江旭昌. 选粉机的发展与高效选粉机的诞生 [J]. 中国建材装备，1996，(9)：12-14.

[11] 江旭昌. 高效选粉机的构造及工作原理（二）[J]. 中国建材装备，1996，(12)：10-12.

[12] R. J. Detwiler. High Efficiency Separators, Part 2：Op-tim izing Performance. ZKG，1995 (9)：486.

[13] 佟桂芳，嵇鹰，曾汉候，等. 高效选粉机的选用原则及粉磨系统优化 [J]，山东建材，1998 (1)：36-38.

[14] 林宗寿. 水泥"十万"个为什么 5：粉磨与设备粉磨工艺 [M]. 武汉：武汉理工大学出版社，2006.

[15] 王仲春，曾荣，李素荣. 高效笼式选粉机的选型计算 [J]. 水泥技术，2006，(3)：25-29.

[16] 王军梅，高建华. O-Sepa 选粉机的调节 [J]. 水泥技术，2000，(2)：26-27.

[17] 黄有丰，汪澜，顾正义. 水泥工业新型挤压粉磨技术 [M]. 北京：中国建材工业出版社，1996.

[18] 郭俊才. 水泥工厂实用技改新技术 [M]. 北京：中国建材工业出版社，2000.

[19] 李宪章. 水泥粉磨新技术 [M]. 北京：中国建材工业出版社，2010.

[20] 刘景洲. 水泥机械设备安装、修理及典型实例分析 [M]. 武汉：武汉理工大学出版社，2002.

[21] 王文义. 水泥颗粒特征与现代水泥粉磨技术 [M]. 北京：原子能出版社，2004.

[22] 张长森. 预粉磨设备及其系统评价 [J]. 中国建材装备，1996，(6)：22-24.

[23] 李建功，许卫革. V型选粉机的结构参数分析 [J]. 矿山机械，2009，37 (11)：99-101.

［24］乔龄山．水泥颗粒分布对水泥强度的影响［J］．水泥，2004，（1）：1-6.

［25］张长森．无机非金属材料工程案例分析［M］．上海：华东理工大学出版社，2012.

［26］徐汉龙，刘春杰，彭宏．水泥磨系统工艺技术管理的探讨［J］．中国水泥，2010，（3）：75-78.

［27］王华业，王燕．突破传统技术实施节能粉磨［C］．2014 第六届国内外水泥粉磨新技术交流大会论文集，56-63.

［28］李维兴，曾艳坤，刘彦亮．双分离式高效选粉机的改造［J］．水泥，2014，（2）：37-39.

［29］王学清．辊压机粉磨系统的能耗模型及其工程应用研究［D］．武汉：武汉理工大学，2006.

［30］全印，李玉军，孟丽．水泥闭路联合粉磨系统的提产节能技改［J］．新世纪水泥导报，2014（6）：60-62.